科學少年學習誌
編／科學少年編輯部

科學閱讀素養
地科篇 3

遠流

科學閱讀素養 地科篇 **3**   目錄

課程連結表

文章主題	文章特色	搭配108課綱（第四學習階段 — 國中）	
		學習主題	學習內容
黑洞奇譚	說明了黑洞從何而來、黑洞的構造，它的形成與重力息息相關，也是恆星演化的其中一環；我們可以透過重力透鏡、X光噴流在黑暗中搜尋黑洞的存在。	物質系統（E）：宇宙與天體（Ed）	Ed-IV-1星系是組成宇宙的基本單位。
		自然界的現象與交互作用（K）：波動、光及聲音（Ka）；萬有引力（Kb）	Ka-IV-7光的直進性。 Kb-IV-2帶質量的兩物體之間有重力，例如：萬有引力，此力大小與兩物體各自的質量成正比、與物體間距離的平方成反比。
換雙眼睛看宇宙：無線電波天文學	透過本文了解到，用不同的電磁波波段觀測，可以看到不同樣貌的宇宙，互相搭配比較，就能讓科學家對宇宙現象和宇宙起源有更多的理解。本文不僅能增加學習的廣度與深度，更可做為科學閱讀的輔助教材。	系統與尺度（INc）*	INc-III-14四季星空會有所不同。 INc-III-15除了地球外，還有其他行星環繞著太陽運行。
		交互作用（INe）*	INe-III-8光會有折射現象，放大鏡可聚光和成像。
		物質系統（E）：宇宙與天體（Ed）	Ed-IV-1星系是組成宇宙的基本單位。 Ed-IV-2我們所在的星系，稱為銀河系，主要是由恆星所組成；太陽是銀河系的成員之一。
		自然界的現象與交互作用（K）：波動、光及聲音（Ka）	Ka-IV-7光速的大小和影響光速的因素。 Ka-IV-8透過實驗探討光的反射與折射規律。 Ka-IV-9生活中有許多運用光學原理的實例或儀器，例如：透鏡、面鏡、眼睛、眼鏡及顯微鏡等。
太空旅行的行前說明會	說明了太空旅行過程中會面對的情境。讓我們思考人類在太空中，生理現象會發生哪些變化，以及在太空中生長的植物與在地面上的有何不同。	改變與穩定（INd）*	INd-III-3地球上的物體（含生物和非生物）均會受地球引力的作用，地球對物體的引力就是物體的重量。 INd-III-13施力可使物體的運動速度改變，物體受多個力的作用，仍可能保持平衡靜止不動，物體不接觸也可以有力的作用。
		物質系統（E）：力與運動（Eb）	Eb-IV-9圓周運動是一種加速度運動。 Eb-IV-10物體不受力時，會保持原有的運動狀態。
		自然界的現象與交互作用（K）：萬有引力（Kb）	Kb-IV-2帶質量的兩物體之間有重力，例如：萬有引力，此力大小與兩物體各自的質量成正比、與物體間距離的平方成反比。
探索地心的強力幫手——地震	若將地球看做一顆蘋果，我們賴以為生的生物圈範圍僅是蘋果皮而已！但我們能透過「地震」、「火山噴出物」、「隕石」等，來了解地球內部的構造。	系統與尺度（INc）*	INc-III-11岩石由礦物組成，岩石和礦物有不同特徵，各有不同用途。
		變動的地球（I）：地表與地殼的變動（Ia）	Ia-IV-2岩石圈可分為數個板塊。
		自然界的現象與交互作用（K）：波動、光及聲音（Ka）	Ka-IV-1波的特徵，例如：波峰、波谷、波長、頻率、波速、振幅。
海底的寶藏：澎湖海溝動物群	介紹澎湖海溝動物群的生存年代及種類，抽絲剝繭的帶領讀者探查這些動物的遷徙路線。可以更了解化石研究工作對回溯地球歷史的意義。	演化與延續（G）：演化（Gb）	Gb-IV-1從地層中發現的化石，可以知道地球上曾經存在許多的生物，但有些生物已經消失了，例如：三葉蟲、恐龍等。
		地球的歷史（H）：地層與化石（Hb）	Hb-IV-1研究岩層岩性與化石可幫助了解地球的歷史。
下雨囉！穿梭雲間的小水滴之旅	詳細講解雲的形成原因，也介紹伴隨積雨雲發生的雷陣雨、冰雹和閃電。可深入了解地球的大氣層以及成雲致雨的現象，還有雲與天氣變化的密切關係。	改變與穩定（INd）*	INd-III-11海水的流動會影響天氣與氣候的變化。氣溫下降時水氣凝結為雲和霧或昇華為霜、雪。
		變動的地球（I）：天氣與氣候變化（Ib）	Ib-IV-5臺灣的災變天氣包括颱風、梅雨、寒潮、乾旱等現象。
綠屋頂為都市降溫	講解都市熱島效應的形成原因，同時介紹世界建築物的綠屋頂，以及在屋頂種植植物如何減緩熱島效應。	物質與能量（INa）*	INa-III-8熱由高溫處往低溫處傳播，傳播的方式有傳導、對流和輻射，生活中可運用不同的方法保溫與散熱。
		全球氣候變遷與調適（INg）*	INg-IV-3不同物質受熱後，其溫度的變化可能不同。 INg-IV-5生物活動會改變環境，環境改變之後也會影響生物活動。 INg-IV-6新興科技的發展對自然環境的影響。

*為國小課綱

導讀 科學 × 閱讀二

閱讀是人類學習的重要途徑，自古至今，人類一直透過閱讀來擴展經驗、解決問題。到了 21 世紀這個知識經濟時代，掌握最新資訊的人就具有競爭的優勢，閱讀更成了獲取資訊最方便而有效的途徑。從報紙、雜誌、各式各樣的書籍，人只要睜開眼，閱讀這件事就充斥在日常生活裡，再加上網路科技的發達便利了資訊的產生與流通，使得閱讀更是隨時隨地都在發生著。我們該如何利用閱讀，來提升學習效率與有效學習，以達成獲取知識的目的呢？如今，增進國民閱讀素養已成為當今各國教育的重要課題，世界各國都把「提升國民閱讀能力」設定為國家發展重大目標。

另一方面，科學教育的目的在培養學生解決問題的能力，並強調探索與合作學習。近年，科學教育更走出學校，普及於一般社會大眾的終身學習標的，期望能提升國民普遍的科學素養。雖然有關科學素養的定義和內容至今仍有些許爭議，尤其是在多元文化的思維興起之後更加明顯，然而，全民科學素養的培育從 80 年代以來，已成為我國科學教育改革的主要目標，也是世界各國科學教育的發展趨勢。閱讀本身就是科學學習的夥伴，透過「科學閱讀」培養科學素養與閱讀素養，儼然已是科學教育的王道。

對自然科老師與學生而言，「科學閱讀」的最佳實踐無非選擇有趣的課外科學書籍，或是選擇有助於目前學習階段的學習文本，結合現階段的學習內容，在教師的輔導下以科學思維進行閱讀，可以讓學習科學變得有趣又不費力。

素養十樂趣！

撰文／陳宗慶

我閱讀了《科學少年》後，發現它是一本相當吸引人的科普雜誌，更是一本很適合培養科學素養的閱讀素材，每一期的內容都包括了許多生活化的議題，涵蓋了物理、化學、天文、地質、醫學常識、海洋、生物……等各領域有趣的內容，不但圖文並茂，更常以漫畫方式呈現科學議題或科學史，讓讀者發覺科學其實沒有想像中的難，加上內文長短非常適合閱讀，每一篇的內容都能帶著讀者探究科學問題。如今又見《科學少年》精選篇章集結成有趣的《科學閱讀素養》，其內容的選編與呈現方式，頗適合做為教師在推動科學閱讀時的素材，學生也可以自行選閱喜歡的篇章，後面附上的學習單，除了可以檢視閱讀成果外，也把內文與現行國中教材做了連結，除了與現階段的學習內容輕鬆的結合外，也提供了延伸思考的腦力激盪問題，更有助於科學素養及閱讀素養的提升。

老師更可以利用這本書，透過課堂引導，以循序漸進的方式帶領學生進入知識殿堂，讓學生了解生活中處處是科學，科學也並非想像中的深不可測，更領略閱讀中的樂趣，進而終身樂於閱讀，這才是閱讀與教育的真諦。　㊙

作者簡介

陳宗慶　國立高雄師範大學物理博士，高雄市五福國中校長，教育部中央輔導團自然與生活科技領域常務委員，高雄市國教輔導團自然與生活科技領域召集人。專長理化、地球科學教學及獨立研究、科學展覽指導，熱衷於科學教育的推廣。

黑洞奇譚

黑洞可以說是宇宙中最神祕的東西了，任何東西一旦被吸進去就無法逃脫。為什麼宇宙中會有這麼奇異的「洞」呢？我們會不會有一天被黑洞吸進去？

撰文／邱淑慧

站在地球上的我們不會飄到外太空，是因為重力把我們吸在地球上。如果我們站在月球上，這個力量就會變小，這是由於月球的質量比地球小很多。重力和物體的質量成正比，也就是說，物體的質量愈大，彼此的吸引力愈強。不過，如果我們可以把月球壓縮變小，站在月球表面的我們受到的引力就會變大，因為重力還和距離有關係，距離愈近時，吸引力也會愈大。

當我們受到的引力愈大，要想逃脫它就得往外跑得愈快，所以我們需要力量強大的火箭幫忙加速，才能把衛星送上太空。那如果是在比地球大很多的星球上呢？因為引力更大了，當然就需要更強大的火箭才行。那有

沒有可能引力大到我們怎麼樣都掙脫不了呢？根據前面所講的，你有沒有發現，如果可以把一個質量很大很大的星球，壓縮到很小很小的體積，那引力應該就會超強的吧？沒錯！上課時老師講到這件事，總是讓同學們眼睛發亮、對它充滿各種好奇的問題，天文學裡歷久不衰的人氣王──黑洞，就是這

樣的東西！

　黑洞之所以「吸引」人，是因為它的引力強大到連現在已知速度最快的「光」，都逃不出它的魔掌，因為光跑不出來，導致我們看起來黑黑的，所以叫做黑洞。看到這裡，你一定發現自己有點受騙，原來黑洞不是一個洞啊！

黑洞從何而來？

那麼，是誰在宇宙中，把很大的質量壓縮在很小的體積裡，而造成黑洞的呢？這件事情和恆星的一生息息相關。

恆星是由宇宙中的灰塵和氣體聚集而成，聚集愈多，往內收縮的力量就愈大，當力量大到可以讓內部的原子核融合，恆星就會開始發光發熱。核融合產生的能量使氣體向外擴張，剛好與質量造成向內壓縮的力量平衡，所以恆星可以維持穩定的構造。

但是在恆星晚年，當中心的氫用完而無法繼續進行核融合時，向外的力量減小，恆星就會開始向內收縮。

接下來發生的事情則和它的質量大小有關，如果是太陽質量 0.5～8 倍的恆星，往內收縮造成的溫度上升

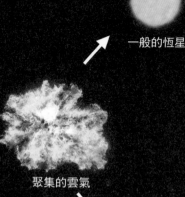

一般的恆星

紅巨星

聚集的雲氣

大質量恆星

紅超巨星

會使內部的氦開始融合成碳，外層的氫也會進行融合，能量的提升造成外層向外擴張成為紅巨星，再向外消散成行星狀星雲，中心的核心則成為白矮星；但如果是質量很大的恆星，向內收縮的力量也會大很多，壓縮的力量會造成爆炸，稱為超新星爆炸，中心的質量會繼續不斷收縮、再收縮，成為中子星，甚至更進一步收縮聚集在一個如同這篇文章裡的逗號那樣小的範圍內，根據前面所說，極大的質量聚集在很

我有問題！

光不是沒有質量嗎？為什麼還會被黑洞吸進去？

愛因斯坦的「相對論」認為，「重力」其實是時空的扭曲，當宇宙中能量分布不均勻，時空結構就會是扭曲的，而質量也是能量的一種。當周遭的時空彎曲得愈明顯，也就是重力愈大。你可以想像把氣球的外皮攤開，在中間放一顆球，會使橡皮彎曲，如果拿一個小球慢慢丟過去，可能會掉進去，但如果用力一點丟，讓小球以很快的速度通過，就有可能只是路徑歪掉。中間的球愈重，橡皮彎曲的就愈厲害，那麼小球就需要更快的速度才能通過而不掉進去。黑洞的質量很大，所以它周遭的空間非常彎曲，雖然光的速度很快，但對於要逃出黑洞的極度彎曲空間來說，還是不夠快。

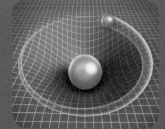

圖片來源：達志影像

行星狀星雲

白矮星

中子星

超新星

黑洞

黑洞結構圖

事件視界

史瓦西半徑

奇異點

小的範圍，引力會很強，就連光都不足以脫離它，因此它就成為黑洞。

黑洞的構造

黑洞的質量都聚集在中間的一個小點，稱為「奇異點」。奇異點周遭物質無法逃脫的範圍，稱為「事件視界」，事件視界範圍的半徑為「史瓦西半徑」，進入這個範圍的物質都會墜入奇異點。黑洞並不會把所有東西都吸進去，只有進入事件視界的才會。

以太陽為例，如果我們真的把太陽壓縮成一個黑洞了，它的史瓦西半徑大約會是三公里，而地球和太陽距離 1 億 5000 萬公里，所以即使太陽變成黑洞，也不會把地球吸進去，而且地球還是會以現在的速度繞太陽公轉，只是太陽的光出不來，地球上沒有陽光，也就不會有生物存在了！

不過，我們根本不用擔心太陽會變成黑洞。太陽雖然是太陽系裡的霸主，質量有大約 2×10^{30} 公斤那麼多，占了整個太陽系的99.8％以上，但還是不足以把自己壓縮成黑洞。能夠自然形成黑洞的恆星，它的質量估計至少要比太陽大三倍。事實上，許多黑洞的質量可是超過太陽的好幾萬倍呢！

至於我們的地球，就更不用擔心了。要把地球壓縮到具有夠大的引力，讓光也跑不出來，那得把整顆地球壓到只有我們的指甲那麼大！但是地球的質量太小，無法把自己壓縮到這麼小，所以事實就是地球也不會形成黑洞。

在黑暗中搜尋黑洞

看到這裡，有些人應該開始疑惑，黑洞是黑的，宇宙也是黑的，要怎麼發現它呢？雖然我們無法看見黑洞本尊，但是我們可以藉由它引起的一些現象來找到它。

▲天鵝座 X-1 的 X 射線影像，可見到二端的噴流。

X 光噴流現蹤影

如果黑洞附近有一顆恆星，恆星外圍氣體會受到黑洞引力的吸引，開始環繞黑洞旋轉並逐漸捲向中心，就像洗臉臺的水流向排水孔般旋轉，而且因為黑洞的引力很大，所以這些物質旋轉的速度極快，當彼此碰撞時會放出強大的能量，因為這是在物質掉進事件視界之前所放出來的，所以我們可以在 X 光的波段觀測到黑洞兩端噴發出的噴流。

天鵝座 X-1 是最早經大多數天文學家認同的黑洞候選者，就是利用這樣的方式發現的。一開始是因為觀測到天鵝座 X-1 是個很強的 X 射線來源，後來發現原來這附近有一個超巨星，但因為超巨星不會輻射出這麼強的 X 射線，藉由都卜勒效應發現在這超巨星旁邊有個同伴，而且從軌道推知這個夥伴的質量極大，極可能是黑洞。

這件事還引起英國知名的宇宙學家霍金和索恩打賭，霍金認為那不是黑洞，賭注是一年份的雜誌，後來因為觀測證據顯示了奇異點的存在，所以霍金在 1990 年就認輸了。目前所發現最微小的黑洞，位在天壇座方向的 XTE J1650-500，質量只有太陽的 3.8 倍，也是藉由偵測 X 射線而發現的。

驚人的巨大質量

此外，很多星系的中心都有著一個巨大的

這是由哈伯望遠鏡所拍攝的碟形星系 NGC1277，它的寬度只有銀河系的四分之一，中心卻有著目前觀測到最大的黑洞，足足有 170 億個太陽質量那麼大。

圖片來源　Chandra X-Ray Observatory/NASA、NASA / ESA / Andrew C. Fabian / Remco C. E. van den Bosch (MPIA)

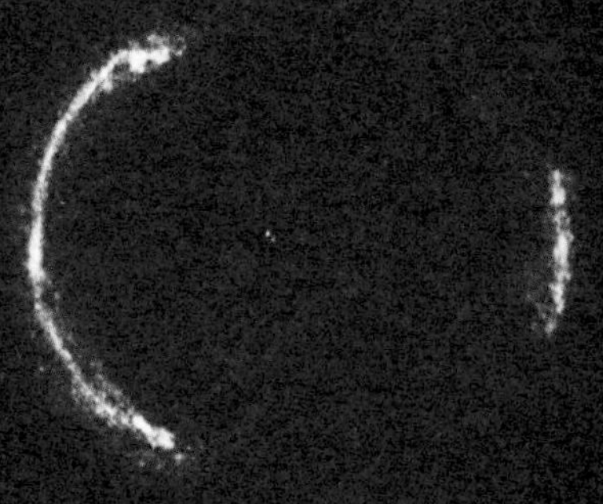

▲ ALMA 觀測到 SDP.81 重力透鏡系統的「愛因斯坦環」。

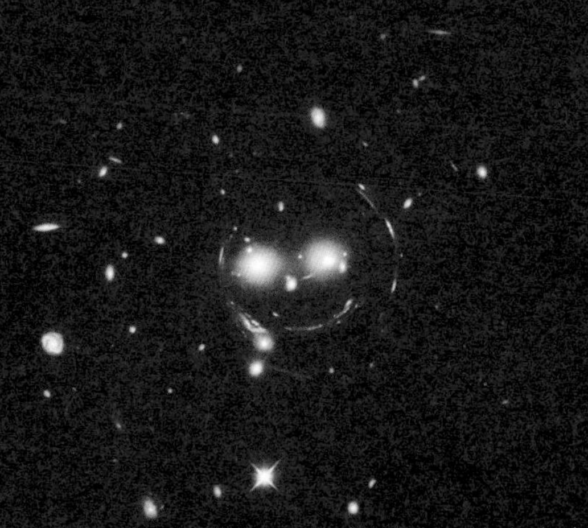

▲哈伯望遠鏡觀測到的愛因斯坦環，和宇宙中的星系團搭配起來，像不像一個可愛的笑臉？

黑洞，我們也可以藉由計算外圍恆星繞它運行的速度來得知中間的質量。例如銀河系中心的黑洞，雖然包圍在許多恆星和星雲裡，但是我們經由計算銀河系中心附近恆星的公轉速度，發現在中心極小的範圍裡包含了巨大的質量，推斷有黑洞的存在。

利用這樣的方法，我們發現了位在英仙座的星系 NGC1277 中央有個巨大黑洞，而且計算出這個黑洞的質量有 170 億個太陽那麼多，占了整個星系質量的 14%（一般星系中心的黑洞約是星系總質量的 0.1%），這是目前所發現最巨大的黑洞，因為這質量實在是太驚人了，當初天文學家算出結果時，一度懷疑自己算錯，不斷的驗證後才敢確定。

還有一種方法，稱為「重力透鏡」，因為黑洞的重力太強大了，就連它後方星系的光線通過它附近時，都會因為時空扭曲而彎曲，在地球上看到該星系的影像就是扭曲的，我們也可以藉此發現黑洞。

中央研究院的天文學家利用亞他加馬大型毫米波陣列（ALMA），觀測形成「愛因斯坦環」的 SDP.81 重力透鏡系統，藉由影像的扭曲，推估中心有一個不小的黑洞，估算質量超過太陽的三億倍。

銀河系中心的黑洞，稱為人馬座 V4641，這是個超大質量的黑洞，足足有太陽質量的 400 萬倍！這麼巨大的黑洞，會不會把我們吸進去呢？別擔心，這個黑洞的史瓦西半徑大約是 780 萬公里，而我們與銀河系中心的距離，可是這個距離的百億倍。天文學家也發現，宇宙中許多星系的中心都存在這樣超大質量的黑洞，科學家認為這樣的巨大黑洞應該不是大質量恆星死亡所形成，但詳細成因還是個謎團。

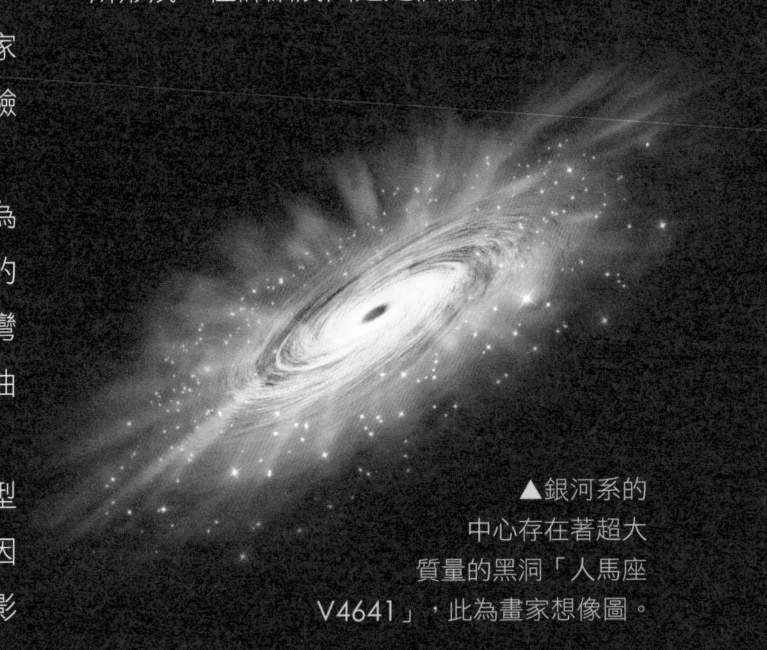

▲銀河系的中心存在著超大質量的黑洞「人馬座 V4641」，此為畫家想像圖。

圖片來源：ALMA (NRAO/ESO/NAOJ)/Y. Tamura、NASA/ESA、Chandra X-ray Observatory Center

黑洞的異想世界

「如果我掉進黑洞會怎麼樣？可以穿越時空嗎？」這是許多人對黑洞感到最好奇的問題。首先，目前發現的黑洞都距離我們非常遠，即使是最接近的人馬座 V4641 黑洞也距離我們多達 1600 光年，以目前的科技是無法到達的。但如果有一天，你真的掉入黑洞，那麼你會先有如橡皮筋一般被拉得很長很長，這是因為你的頭和你的腳受到的引力差非常多（雖然它們的距離不遠），另外你的時間會變得非常非常慢，儘管你自己沒有感覺，但外面的人看你會覺得你彷彿靜止了。至於接下來你會在神祕的黑洞裡發生什麼事，我們就不得而知了。

那到底可不可以利用黑洞來穿越時空呢？根據愛因斯坦提出的廣義相對論，黑洞的強大重力造成時空彎曲，因此兩個不同的時空

要被蟲洞吸進去了！

穿越時空了嗎？

圖片來源：達志影像：：繪圖：：曾建華

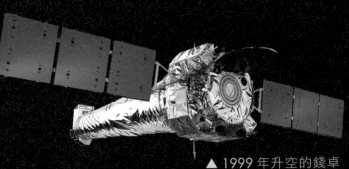

▲ 1999 年升空的錢卓 X 射線太空望遠鏡。

位於夏威夷茂納開亞火山上的 VLBA 天線。

之間有可能因為黑洞而存在通道，這個通道就叫做蟲洞。蟲洞的入口就是會吞噬物質的黑洞，而另一端則是會吐出物質的白洞，蟲洞就像是在時空之間抄小路。如果真的有蟲洞的存在，就可以像電影「星際效應」中那樣，藉由蟲洞快速抵達距離非常遙遠的地方。不過到目前為止，蟲洞和白洞都只是理論，現實中還沒有任何觀察上的證據，所以要藉由蟲洞穿越時空，目前只能在電影和科幻小說裡過過癮了。

黑洞的消失

宇宙學家霍金認為，黑洞並不是恆星最終的結果，他認為黑洞會緩慢的釋放出能量，稱為霍金輻射。因此如果黑洞長時間沒有吸入物質，能量便會慢慢減少，最後甚至會慢慢消失不見，霍金將這樣的現象稱為黑洞的「蒸發」，但目前還沒有偵測到這樣的現象。科學家期望能藉由費米伽瑪射線太空望遠鏡（GLAST）等高能量偵測器，搜尋到霍金輻射的證據。

黑洞對於我們來說，還藏著許多謎團和未知，這或許也是它讓人們始終充滿好奇的原因。為了解開這些謎團，目前有許多觀測計畫正在進行，例如美國電波天文臺的超長基線陣列（VLBA），它包括了 10 具寬 25 公尺的碟型天線，這些天線分別座落在美國各地，一起觀測就可以大幅提高解析能力（也就是分辨得更清晰）。另一方面，1999 年升空的錢卓 X 射線太空望遠鏡（Chandra X-ray Observatory），主要是針對宇宙中的 X 射線做高解析度的觀測，銀河系中心的超大質量黑洞，就是錢卓觀測到的。未來藉由這些觀測計畫，我們希望能夠更清晰的觀測到黑洞的噴流，甚至霍金輻射等現象，一步步解開有關黑洞的諸多謎團。 科

作者簡介

邱淑慧　中央大學天文研究所碩士，現任國立花蓮女中地球科學教師。

黑洞奇譚

國中地科教師　羅惠如

關鍵字：1.黑洞　2.重力透鏡　3.恆星演化　4.事件視界　5.奇異點

主題導覽

黑洞在宇宙間是令人驚豔的存在！

宇宙間除了我們所知的銀河系、行星、恆星、彗星等，還存在著一種我們看不見但確實存在的天體——黑洞。它的重力之大，連光都無法逃脫，因此我們難以直接觀看，只能透過 X 光噴流、重力透鏡等其他證據間接證明它的存在。

重力的引力很大，如果地球旁邊有個黑洞，我們會被吸進去嗎？黑洞能讓時空扭曲，我們可以藉由這樣的原理進行時空旅行嗎？由於看不見神祕的黑洞，讓我們有更多想像！

挑戰閱讀王

看完〈黑洞奇譚〉後，請你一起來挑戰以下三個題組。

答對就能得到👍，奪得 10 個以上，閱讀王就是你！加油！

◎黑洞形成的可能原因，已經被天文學者所接受的，就是在恆星演化的過程中，恆星老去的最後階段，經由超新星爆炸後所形成。黑洞由奇異點、事件視界、史瓦西半徑等所構成，請依文章內容及第 8、9 頁的恆星演化圖回答問題。

(　　)1.恆星演化過程中，最終會轉變為白矮星、中子星或黑洞，主要取決於何種因素？（這一題答對可得到 1 個👍哦！）

①是否有歧異點的存在　②附近是否有行星圍繞

③恆星的質量　④天體是否產生爆炸

(　　)2.恆星演化的過程中，當恆星原始質量小於五個太陽質量，最後將成為白矮星；如果是原始質量為 5～15 個太陽質量，最後將成為中子星；原始質量超過 15 個太陽質量則會形成黑洞。那麼我們所處的太陽系中，太陽最後將成為何者？（這一題答對可得到 1 個👍哦！）

①白矮星　②中子星　③黑洞

（　　）3. 有關於黑洞構造的說明，哪些敘述較合理？

（這一題為多選題，答對可得到 2 個👍哦！）

①黑洞的質量都聚集在奇異點

②我們可以觀察到事件視界以外的東西

③當把太陽壓縮成黑洞，地球將落入史瓦西半徑之內而被吞噬

④若把地球不斷的壓縮到極小，它產生的極大重力也能使地球成為黑洞

◎黑洞並不是個黑色的洞，而是由於重力的關係，光進入後無法逃脫，而使我們不能直接看到它，因此我們必須藉著其他的方法得知，例如重力透鏡、X光噴流等。1919年某次全日食觀測，一群科學家在日食前一晚替星空拍照，在日食當下又為星空拍照，發現竟然能觀察到原本被太陽遮蔽的星星，因此確認了光會受重力偏折。

（　　）4. 我們將筷子插入裝水的杯子中觀察，會發現筷子像被折斷一樣，這是光由空氣進入水後，因材質不同而發生偏折的現象。日常生活中的哪些現象也能觀察到光偏折的狀況呢？（這一題為多選題，答對可得到 2 個👍哦！）

①海市蜃樓　②雨後的彩虹

③夜空星光閃爍　④觀賞魚池中魚的位置與實際上的位置有落差

（　　）5. 由於太陽的質量龐大，也會造成空間的扭曲，行星在繞行時也會受到影響。若我們在地球上觀測到 A 位置有個發光的天體，此天體實際上的位置應該位於何處？

（這一題答對可得到 1 個👍哦！）

①A　②B

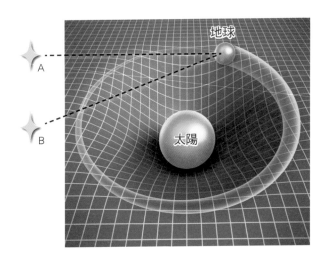

◎望遠鏡是觀察天體的一大利器，恆星因核融合反應會向外發出電磁波，人類的眼睛只能看到可見光的部分，也就是常說的彩虹七色：紅、橙、黃、綠、藍、靛、紫。由於大氣層會吸收某些電磁波或屏蔽一些電磁波，例如紫外光、X 射線、γ 射線，使得地表上與太空中需用不同種類的望遠鏡來進行觀察。

（　　）6. 若要觀察黑洞的 X 光噴流來間接確認黑洞的存在，則天文望遠鏡應設置於何處才能達到觀察的目的？（這一題答對可得到 2 個👍哦！）

①地球表面　②高山　③太空

（　　）7. 2019 年人類利用事件視界望遠鏡計畫（電波望遠鏡）發表了第一張直接拍攝黑洞的照片（右圖），透過圖片我們能獲知哪些訊息？（這一題答對可得到 2 個👍哦！）

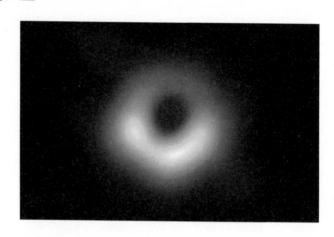

①目前可以直接觀察黑洞，中央確實是一個黑色的洞

②在圖中一圈像甜甜圈的亮光即為 X 光噴流

③事件視界的範圍

④重力透鏡使光扭曲成甜甜圈的樣貌

圖片來源：ESO

延伸思考

1. 恆星由宇宙中的灰塵和氣體組成，內部巨大的收縮力量使其進行核融合反應，就如同我們所居住的太陽系，太陽為恆星，它也是以核融合方式發光發熱。當今我們所使用的能源並不包括核融合方式，常見如火力、風力等，其中較有爭議的為利用「核分裂」方式產生能量的核能發電。為何人類不使用核融合方式產生能量？查一查資料，比較核融合反應與核分裂反應如何進行，在原子核中發生了哪些改變，以及現今技術是否有能力進行核融合反應？

2. 走在路上時，若救護車經過身旁，會發現聲音有高低不同的差別，這個現象稱為都卜勒效應。聲音是一種波，靠近我們時頻率會上升，遠離我們時頻率會下降；光也是一種波（電磁波），當光靠近我們時頻率上升，波長變短使可見光偏藍，稱藍移，遠離我們時頻率變短，波長變長使可見光偏紅，稱為紅移。天文學家如何應用這個原理在黑暗中搜尋黑洞？星體的光譜要如何變化，才能推測旁邊可能有黑洞存在呢？

3. 事件視界望遠鏡計畫的主要目標之一就是觀測宇宙中的黑洞。地表上的天文望遠鏡只能接收無線電波、可見光、紅外線等，有許多限制，尤其需要大口徑的鏡頭才能提升解析力，因此藉由將地球虛擬成一個巨大望遠鏡，提供較好的解析能力，以達到良好的觀測。查一查，這些望遠鏡位在哪些地方？是利用怎樣的原理來形成這麼大的虛擬望遠鏡呢？在這個計畫中臺灣擔任頗重要的角色，臺灣參與了哪些部分？提供了什麼貢獻？

換雙眼睛看宇宙
無線電波天文學

我們眼睛所見的只是這個世界的一小部分，
若能換個波段看宇宙，會發現宇宙更多的奧祕。

撰文／邱淑慧

夏季是觀看夜空中銀河的最佳季節，在銀河系中心方向的「半人馬座 A」是夜空中的一個明亮星系，距離地球約 1400 萬光年。在望遠鏡中看來，它是個扁平帶著光暈的美麗星系（右頁大圖），而最右邊透著紫色光芒的，也是半人馬座 A，為什麼兩張照片看起來差這麼多呢？

一小部分的真相

原來是因為大圖是「可見光」照片，而紫色那張是「無線電波」照片。我們平時所看見的光稱為「可見光」，屬於電磁波譜的一小部分，能量比可見光強的依序還有紫外線（擦防曬乳就是為了阻擋它）、X 射線（可以穿過身體拍到骨頭的樣貌）和 γ 射線；

能量比可見光低的則依序為紅外光（會讓人體感覺熱熱的）、微波（超商裡加熱飯糰和便當的）和無線電波。能量愈低的，光的「波長」愈長。因為每種物體在不同能量範圍的輻射強度不同，因此以不同波長範圍（稱為波段）的偵測器拍攝同一個物體時，會得到不同的影像。例如拍攝人像時，如果拍的是可見光，就會是平常的照片，但如果拍攝的是紅外光，就會是人體溫度的分布。

來自太空的各種電磁波，大部分會遭到大氣吸收，主要得靠在大氣外的太空望遠鏡觀

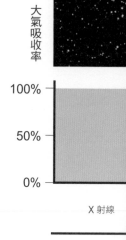

大氣吸收率

100%

50%

0%

X 射線

0.1nm

圖片來源：NASA

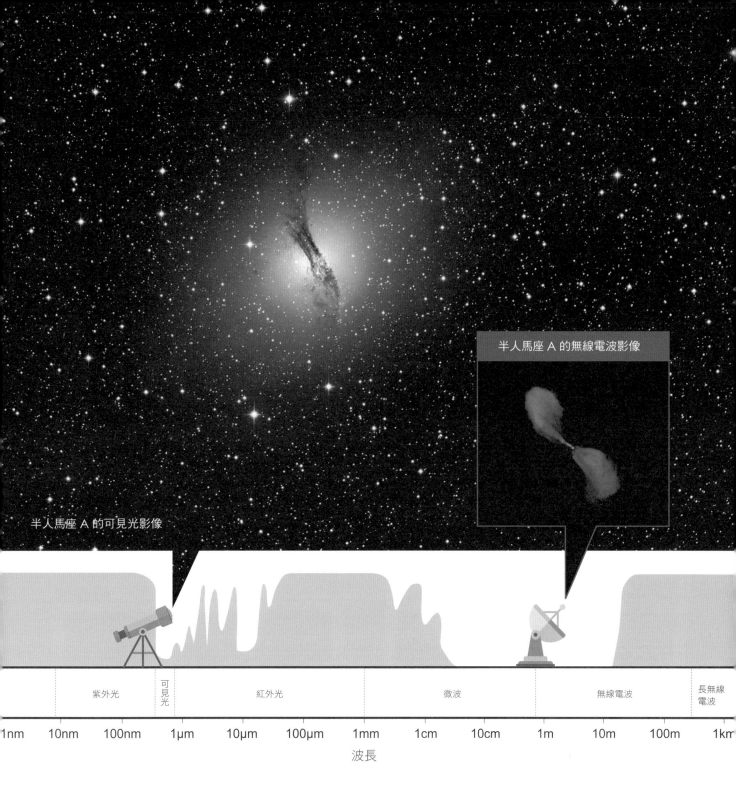

半人馬座 A 的無線電波影像

半人馬座 A 的可見光影像

紫外光	可見光	紅外光	微波	無線電波	長無線電波

1nm　10nm　100nm　1μm　10μm　100μm　1mm　1cm　10cm　1m　10m　100m　1km

波長

測，只有可見光和無線電波得以大部分穿透大氣，因此地面的天文觀測主要以這兩個波段為主。

沒有鏡片的望遠鏡？

　　從 1609 年伽利略製作出第一架可見光望遠鏡開始，人們陸續製作出愈來愈大型的天文望遠鏡，來觀看夜空中的星體。而以無線電波觀測星體，其實起源於一場意外。在 1930 年代初期，美國工程師顏斯基（Karl Jansky）以長約 30 公尺的巨大天線要研究越洋電話的雜訊時，發現有一個不明的

穩定訊號，而且和恆星一樣，每隔 23 小時 56 分鐘會出現在相同位置，他判斷這個訊號來自銀河系中心。這是第一次觀測到宇宙中天體發出的無線電波。

而第一部針對觀測夜空而製造的無線電波望遠鏡則是在 1934 年時，由美國的天文學家雷伯（Grote Reber）在自家後院建造的望遠鏡，直徑為九公尺。在第二次世界大戰期間（1939～1945 年），軍事用的雷達接收到來自太陽的強烈無線電波輻射，顯示雷達可用於偵測天體輻射出的無線電波。無線電波天文學此後開始大幅發展。

電波望遠鏡和我們平時所熟悉的望遠鏡長得很不像，比較像是碟形天線，它不是由

世界上的大耳朵們

為了探索無線電波，地球上許多地方都架設了巨大的無線電波天線，甚至是解析度更高的天線陣列。

阿雷西波望遠鏡。口徑 350 公尺，位在波多黎各的一個天然山谷中，由山谷承載著。這是目前全世界口徑最大的無線電波望遠鏡，缺點是無法轉動。

極大陣列電波觀測站（VLA）。由 27 個口徑 25 公尺的碟形天線排列成 Y 字形，位在美國新墨西哥州。用多個天線排成陣列的好處是可以對比每個天線偵測的訊號，得到精細的解析度。

綠堤望遠鏡。口徑 100 公尺，位在美國西維吉尼亞州，是目前世界最大的可轉向式無線電波望遠鏡。為了避免干擾望遠鏡運作，在綠堤望遠鏡周圍 3 萬 4000 平方公里範圍內，沒有手機、Wi-Fi 等無線電波訊號源，甚至沒有微波爐。

▼亞他加馬大型毫米波陣列（ALMA）。由 54 座口徑 12 公尺的天線以及 12 座口徑 7 公尺的天線組成，位在智利，是由臺灣、日本、歐洲、智利及北美多個國家共同合作的國際計畫。

圖片來源：VLA、H. Schweikerm, NAIC, Arecibo Observatory、NRAO/AUI、ALMA (ESO/NAOJ/NRAO)

鏡片組成，也無法以眼睛觀看。電波望遠鏡的外觀像一個盤子，藉由反射收集訊號後，傳送到電腦，經資料處理後，將接收到的無線電波強度繪製為圖形。因為無線電波的波長比可見光長許多，因此無線電波望遠鏡的口徑（望遠鏡的直徑）也比可見光望遠鏡大很多。

無線電望遠鏡的專長

無線電波在晴天、雨天、白天、夜晚都可以進行觀測，可以穿透可見光難以穿過的星際雲氣，因此藉由無線電波能夠了解許多可見光無法告訴我們的訊息。

☆ 尋找恆星誕生的地方

無線電波可以幫助我們描繪宇宙中的星際雲氣，而星際雲氣密集的地方，通常是恆星誕生的地方，因此無線電波可以協助我們搜尋正在誕生恆星的區域，使我們得以觀察恆星誕生時的環境樣貌。

☆ 看見初生宇宙

根據宇宙形成理論，宇宙來自一場劇烈的大爆炸（稱為大霹靂），爆炸之後的宇宙

◀美國工程師顏斯基用圖中的天線，偵測到來自銀河系中心的無線電波訊號。

▲美國天文學家雷伯 1934 年在自家後院建造的無線電波望遠鏡，直徑九公尺。

不斷膨脹，也因此溫度逐漸下降，根據計算，早期宇宙應會殘留下溫度極低的輻射，稱為「宇宙微波背景輻射」。1964 年時，美國貝爾實驗室的工程師潘琪亞斯（Arno Penzias）和威爾遜（Robert Wilson）在檢測無線電波天線性能時，發現天空中有著雜訊，而且不會隨著時間和方向改變，證實了宇宙形成後留下的「餘溫」。後來他們因此獲得諾貝爾獎。

☆ 活躍的遙遠星系——類星體

類星體是宇宙中發光強度最強的天體，約

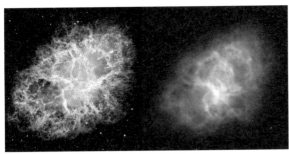

▲蟹狀星雲（距離地球約 6000 光年）的可見光影像（左）及無線電波影像（右）。由無線電波影像可以更了解星際雲氣的分布。

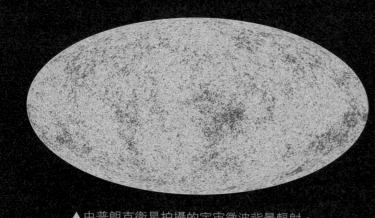

▲由普朗克衛星拍攝的宇宙微波背景輻射。

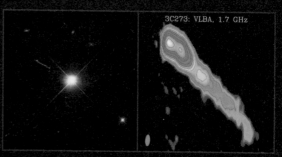

3C273: VLBA, 1.7 GHz

▲左是類星體 3C273 的可見光影像。右是無線電波影像，可看出 3C273 的核心輻射出極強的無線電波，形成明顯的噴流。

是一般星系的 1000 倍。最早發現時，是因為類星體會發出很強的無線電波。後來科學家發現類星體其實是距離地球非常遙遠的活躍星系，也是宇宙早期的古老星系，藉由觀察這些古老的星系，有助於我們探索宇宙古老的樣貌。

⭐ 尋找外星生命

科學家一直認為，外星人的訊號可能會以無線電波的形式傳遞到地球。1997 年的電影《接觸未來》便是以無線電波天文學家艾莉的故事改編，描述天文學家藉由無線電波望遠鏡搜尋外星生命的故事。1967 年，美國研究生班奈爾（Jocelyn Bell Burnell）在檢測無線電波望遠鏡的訊號時，發現了一連串有規律的穩定訊號，認為可能來自外星人的訊號，命名為「小綠人一號」。後來經過進一步確認，這樣的訊號是來自一種稱為「脈衝星」的天體。

不過科學家並未放棄藉由分析無線電訊號來尋找外星生命，例如美國加州大學柏克萊分校發起的搜尋地外文明計畫（SETI），便是藉由分析無線電波望遠鏡接收來自宇宙的無線電波，嘗試從中找到具有規律的訊息，搜尋外星文明。計畫人員也邀請一般人共同參與分析無線電波訊號（SETI@HOME），利用家裡電腦也可以幫忙尋找外星人喔！2017 年 7 月，阿雷西波天文台的科學家發現距離地球 11 光年，名為「羅斯 128」的恆星，發出規律的神祕訊號，有人便認為可能是外星生命的訊息，但目前觀測資料不足，也可能來自衛星或該恆星的其他行星等來源，仍待更多資料與理論才能解開這個訊息的謎團。 ㊙

我有問題！

脈衝星是什麼？

大質量恆星在演化末期會發生超新星爆炸，在爆炸後可能留下密度極大的中子星或黑洞，中子星的磁場很強，脈衝星就是高速旋轉的中子星。

作者簡介

邱淑慧　中央大學天文研究所碩士，現任國立花蓮女中地球科學教師。

圖片來源：ESA、SAO、NASA、Wikimedia Commons

換雙眼睛看宇宙：無線電波天文學

國中地科教師　侯依伶

關鍵字：1. 電磁波輻射　2. 紅外光　3. 紫外光　4.X 射線　5. 射線

主題導覽

從太陽等天體所發出的電磁波輻射，包含了各種不同的波長，所有電磁波按波長順序排列起來就成為「電磁波譜」（圖一）。科學家常因為研究上的需要，將電磁波譜依波長由小到大排序分為 γ 射線、X 射線、紫外光、可見光、紅外光與無線電波。用不同波段的電磁波觀測天體，所得到的結果也會有所不同，例如圖二是不

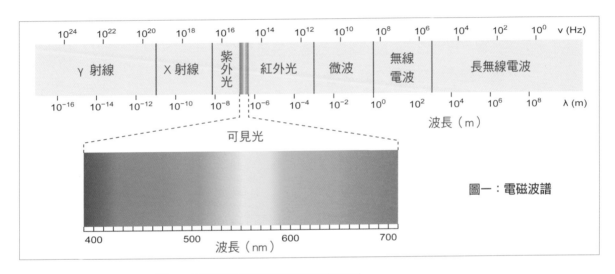

圖一：電磁波譜

圖二：不同電磁波波段所觀測的銀河系

同波段觀測到的銀河系。科學家利用不同波段的觀測，看見各種宇宙現象。

然而，受到大氣與電離層的干擾，在地球海平面上只能觀測到天體所輻射的可見光與無線電波；而在高山上，近紅外光可穿過大氣（但會被水氣吸收），所以能觀測到紅外光波段。其餘波段的天文觀測，就只能靠發射到大氣層外的人造衛星了。

挑戰閱讀王

看完〈換雙眼睛看宇宙——無線電波天文學〉後，再讀讀右頁的「延伸閱讀」，並挑戰以下三個題組。答對就能得到👍，奪得 10 個以上，閱讀王就是你！加油！

（　）1. 下列哪一種電磁波波段的輻射線是波長最長的？

（這一題答對可得到 2 個👍哦！）

①無線電波　②可見光　③ X 射線　④ γ 射線

（　）2. 要觀測庫伯帶小天體與系外行星系統，較適合利用哪一種波段的電磁波輻射進行？（這一題答對可得到 2 個👍哦！）

① γ 射線　②紅外光　③無線電波　④ X 射線

（　）3. γ 射線是電磁波譜中能量最高、波長最短的波段，較適合用來研究下列哪一種天體的活動？（這一題答對可得到 2 個👍哦！）

①地球　②太陽　③彗星　④黑洞

（　）4. 太陽耀斑是太陽系內能量最高的爆發現象，主要會輻射出下列哪一個波段的高能射線？（這一題答對可得到 2 個👍哦！）

① γ 射線　②紅外光　③無線電波　④ X 射線

（　）5. 銀河系中的天體能向外輻射出各種不同波段的電磁波，天文學家曾由這些波譜中獲得對銀河系更多的理解，試問下列哪一項敘述是正確的？

（這一題答對可得到 2 個👍哦！）

①必須倚賴太空望遠鏡才能偵測到天體向外輻射的可見光輻射

②紅外光輻射能穿越有大量氣體和塵埃聚集的區域

③ X 射線和 γ 射線主要來自能量較低的宇宙事件

④無線電波因為波長極短，所以可以穿越大氣層

延伸思考

　　宇宙天體的可見光輻射除了可以用肉眼觀測外，也可以透過望遠鏡來增加觀測效果，請你上網搜尋一下天文學家經常使用的可見光望遠鏡類型，並比較一下不同望遠鏡的成像原理差異。

延伸閱讀

一、紅外光波段的天文觀測

　　對於質量較小、溫度較低的恆星，或是矮星、太陽系內的行星、庫伯帶天體、太陽系外的行星系統，或是星際間的氣體與塵埃，都是最適合紅外光波段研究的目標。此外由於紅外光波長較長，不易受到塵埃的散射與吸收，對於存在大量氣體與塵埃的區域有較佳的穿透性，這個特性對於恆星形成區域的觀測尤其重要。

　　雖然紅外光的觀測十分重要，但其觀測卻受到很大的限制，這是因為紅外光雖然能穿透星際塵埃，但是對地球大氣的穿透力有限，只能在高山或地球大氣層之外進行觀測，像是夏威夷的茂納開亞天文臺、史畢哲太空望遠鏡、紅外天文衛星、紅外光太空望遠鏡等。

二、紫外光段的天文觀測

　　紫外光的波長大約在 100 到 3200 埃（1 埃 = 10^{-8} 公分）之間，這個範圍波長的輻射無法穿透地球大氣層，必須以太空望遠鏡觀測。早期較有名的觀測衛星有國際紫外光探測者衛星，目前主要的紫外光太空望遠鏡有哈伯太空望遠鏡和遠紫外分光探測器。天體的紫外線光譜可用來了解星際介質的化學成分、密度以及溫度；高溫年輕恆星的溫度與組成以及星系演化的訊息，也可從紫外光觀測得知。

三、X 射線波段的天文觀測

　　在地球上看，太陽是天空中最強的 X 射線源，輻射強度隨太陽活動劇烈程度的不同而差異很大。太陽耀斑是太陽系內能量最高的爆發現象，其中 X 射線波段的爆發稱為 X 射線耀斑。此外，宇宙中輻射 X 射線的天體還包括 X 射線雙星、脈衝星、γ 射線暴、超新星爆炸遺骸、活動星系核，以及星系團周圍的高溫氣體等等。由於 X

射線無法穿越地球大氣層，因此若要觀測天體的 X 射線輻射，就只能在高空或者大氣層以外的地方觀測。

目前 X 射線天文學的主要研究課題包括太陽的高能過程、中子星與黑洞、活動星系核、星系碰撞、星系團中的氣體與暗物質、宇宙 X 射線背景輻射等等。

四、γ 射線波段的天文觀測

γ 射線在電磁波譜中，是指波長在 0.1 埃以下的電磁波，是電磁波中能量最高、波長最短的波段，輻射能量高且穿透力極強。γ 射線可由太空中的超新星、正電子湮滅、黑洞形成，甚至是放射衰變產生。

1961 年，第一個送上繞地球軌道的 γ 射線天文衛星發現，在宇宙中各個方向都有 γ 射線輻射，這暗示有某種一致的「γ 射線背景」，科學家推測這可能是宇宙射線和星際物質交互作用的結果。環繞地球運行的費米 γ 射線太空望遠鏡，讓天文學家得以偵測全天極高能光子的分布狀況，藉此完成了 γ 射線全天圖。

太空旅行的行前說明會

太空人的生活和地球上的我們有什麼不一樣呢？
到太空旅行需要準備什麼？
歡迎參加「科學少年太空旅行團」，
讓我們一起身歷其境。

撰文／邱淑慧

繪圖：黃楸儒

嘿！歡迎你報名參加這次的太空旅行，也恭喜你通過了嚴格的體檢，正式成為我們「科學少年太空旅行團」的候選團員。在這裡向各位說明我們的行程和重要的注意事項，畢竟太空中可不像地球環境那樣適合人類生存，為了您和大家的安全，請務必注意聆聽與遵守。

首先，您必須參加行前訓練，這包含了適應在無重力環境飄浮、戴上虛擬實境頭盔模擬太空飛行、長時間和一群人關在狹小環境中等等。至於複雜的飛行和操作技巧，請放心，本旅行社安排了專業的太空人，他們不但曾經是傑出的戰鬥機飛行員，更曾參與多次載人的太空任務。每位太空人在上太空前，都要執行嚴格的篩選和訓練，除了要對太空站的儀器操作很熟悉，還要了解上太空要進行的各項實驗和維修工作，並且通過各項心理測驗，以確定可以承受身處太空中的巨大心理壓力。

發射升空

在完成一系列的訓練後，我們就會載大家到發射台準備升空。這時請緊緊繫好你的安全帶，當火箭引擎點燃，你會開始感覺到極為劇烈的搖晃和震動，請不要擔心，只要你繫好了安全帶，除了可能有頭暈甚至感覺想吐之外（就像是超級加強版的暈車），是不會摔出去的。

當耳機裡傳來倒數，開始發射升空，你會有種被牢牢釘在椅子上的感覺，這是因為下方有極大的推力，就像搭電梯上樓時，電梯提供的向上力必須大於你的重力，把你往上撐，這也是為什麼在電梯裡量體重會比較重。在火箭上，這個力量可比電梯大上許多，因為想脫離地球的重力，需要極快的速度，所以火箭需要有非常強大的推進力。

隨著高度愈來愈高，各位旅客會看到地表的各種物體愈來愈小、愈來愈遠，接著可以看到地球的邊緣。窗外的大氣也愈來愈稀薄，怎麼看得出來呢？你會發現霧霧的大氣好像都在你腳下，周遭的星星愈來愈多、愈來愈亮，而且不會閃爍。

接著你會看到一顆像藍色彈珠一樣的美麗圓球，鑲嵌在滿是星星背景的黑暗中。根據許多太空人描述，這時會非常的感動，因為發現自己的家是一顆多麼美麗的星球。

接著我們會讓太空船進入繞地球的軌道，你會感覺到所謂的「無重力」，但其實這時候我們還是受到地球的引力吸引著，不然太空船是會往外太空飛走的。以國際太空站和地球的距離來計算，其實太空站受到的地球引力還有在地球上時的 90％！既然有地球引力，為什麼太空人在太空船裡會像游泳一樣的飄來飄去呢？這就有如手持繩子綁著的小球甩動繞圈，手的力量把球向內拉，但是球卻不會往內跑，而是繞著圈。

原因是手的向內拉力，提供了球做圓周運動的向心力。在太空站上的太空人也是一

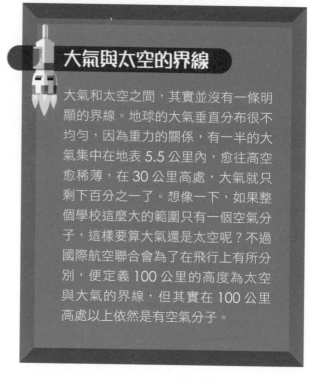

樣，地球對太空站與太空人的引力，成為太空站與太空人繞地球運行的向心力，因此太空站上的太空人感覺不到地球的引力，才會飄來飄去。

展開太空生活

進入軌道後，各位可以開始鬆開安全帶，適應飄浮的感覺，雖然我們在訓練課程已經模擬過很多次，但實際在太空中感覺是很不

繪圖：黃榆儒

一樣的，尤其要小心別撞到任何周遭的儀器，善用艙壁兩側的把手來推進自己的身體，慢慢適應後，你可能會開始享受這種輕飄飄的感覺。接下來，要向各位介紹居住的環境。

我們的空間非常的狹小，每個人的「房間」大約只能容得下兩個人「站著」，因為愈重或愈大，就會增加發射的經費和困難，這也是為什麼我們帶的東西重量都要斤斤計較，而且不能太多人一起去。大家要在這個狹小的空間度過好幾天，這是在地球上少有的經驗，也因此太空人要經過一些心理觀察和測試；想想看如果太空人吵架，可沒辦法甩門走出去。而且太空人身負重任，在太空站的時間很寶貴，其實都排滿了各項試驗和工作，一旦無法合作，會是科學上的嚴重損失。各位在這幾天裡，可以體會到幾個人長時間關在一個空間裡的感覺，2016 年 4 月剛退休的美國太空人凱利（Scott Kelly），曾有次任務在太空中待了足足 340 天。

太空中也不愁吃穿

為了減少重量，太空中的食物通常是乾燥或是真空包裝，加點水加熱就可以吃，口味也已經有蠻多選擇，以前太空人可是只能「吸食」裝在密封包裝裡的膠質食物呢！而且，現在在太空站還有濃縮咖啡可以喝，口味和地球上可是幾乎一樣。

不過，在太空站裡，只有在很靠近食物的時候才會聞到味道，這是因為在失重的環境中，人體的血液不易向下流動，因此部份血液集中在上半部，造成臉部腫脹，進而影響嗅覺和味覺。而且因為太空站的空氣較乾燥，氣味分子也較不易傳到鼻腔，使嗅覺更不明顯。聞不到味道，會讓食物吃起來食之無味，所以通常要加很多調味料。

那水怎麼來的呢？水在太空中非常珍貴，所有的水都要回收利用，包括汗水、尿液、清潔物品的水等。覺得有點噁心嗎？各位可以放心，太空站使用非常好的淨水系統，水不但乾淨，而且喝起來不會有異味。

那衣服呢？在太空站裡，你可以穿得就像在地球上一樣，簡單又休閒。但是當太空人要走出太空艙，就得穿上非常厚重的太空衣──重達 100 公斤！幸好在太空中感覺不到重力。平常在地球上，是靠大氣和地球磁場保護我們；在太空中，艙外太空衣就得具

備大氣的功能，除了要抵擋高能量的輻射，如 X 射線、γ 射線、紫外線等，還要能阻擋宇宙射線、太陽風這些帶電的高能粒子，並且具備和大氣一樣的溫度調節功能，尤其是平時我們的體溫可倚靠空氣或體液循環來調節，但在太空中就得仰賴太空衣調節。

我們在太空站的住宿，就是一個小小的位置，有沒有躺下來其實沒有很大的差別，因為感覺不到重力，不用擔心站太久腳會痠，更不用說靜脈曲張了。但是務必要把自己綁緊，以免睡著之後到處飄來飄去，撞到別人事小，撞到科學儀器就麻煩大了。那……上廁所怎麼辦？國際太空站是沒有馬桶的，嗯，應該說是有特殊形式的「馬桶」——其實比較像是吸塵器。在「廁所」裡有個椅子，首先記得把自己固定好，然後用一根管子抽取你的尿液，剛開始不太熟練，請記得隨手清潔周遭的環境，留給下一位使用者乾淨的空間。

至於洗澡，建議你用毛巾沾水擦澡會比較簡單，如果你想淋浴也可以，真空管會把你用過的水和沐浴劑盡快吸走，至於洗頭就必須請大家使用特殊洗劑乾洗，就像「乾洗手」一樣。

太空中運動保健康

在太空中，你也可以跟在地球上一樣上網、看影片，這是執行太空任務的太空人通常沒時間做的事，因為他們的工作表總是排得滿滿的，要進行各種安排好的實驗。不過他們幾乎每個星期都可以和地球上的家人視訊通話。

但請各位旅客務必配合，一定要保持運動的習慣，即使你本來在地球上沒有這樣的習慣，也一定要運動。這是因為在無重力狀態下，身體的肌肉和骨骼沒有承受重量，也就缺乏鍛鍊，骨骼鈣質會流失，肌力也會減

繪圖：黃榆儒

弱，因此每天運動是很重要的。我們有兩項主要的運動器材，一項很類似踩腳踏車，只是沒有輪子；一項則類似舉重，要用力抵抗阻力。

返回家鄉

在太空站生活了一段時間之後，下一艘補給太空船送來物資的時候，我們就會返航回地球，這時候記得再多看幾眼太空的景色。當太空船進入地球大氣層時，因摩擦產生的大量熱能，會讓太空船外的溫度高達1650℃，你有機會看到太空船外大氣燃燒的樣子。我們此時就像是一顆流星，只是太空船本身因為有保護層，所以並不會像流星一樣燃燒殆盡。

當飛行器返回地球後，外面一定來了許多歡迎我們的人，但請切記，絕對不可以和他們擁抱。從太空回來的我們有可能帶回太空

中的不明物質或輻射，因此必須先隔離、做完一系列的檢查，才可以和其他人接觸。由於重新感受重力，身體感覺起來又變重了，通常需要蠻長一段時間適應。有些太空人說，回到自己居住的地球，比從地球飛出去時還要難適應很多！

以上就是這次「科學少年太空旅行團」的行前說明。現在，就讓我們出發吧！

作者簡介

邱淑慧　中央大學天文研究所碩士，現任國立花蓮女中地球科學教師。

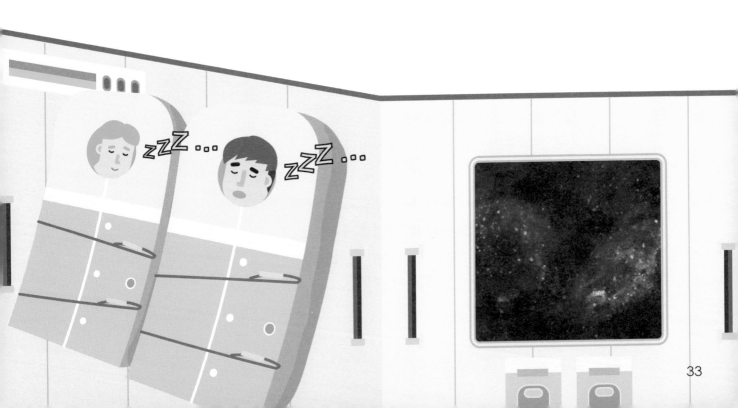

太空旅行的行前說明會

國中地科教師　羅惠如

關鍵字：1. 太空旅行　2. 重力　3. 大氣層功能　4. 向心力　5. 外太空生活

主題導覽

太空旅行不是難事。首先，幾乎所有的生活習慣改變都與重力有關，因此你必須要承受重力帶來的一切改變，包括脫離地球重力時的不適感、不能按照在地球上的方式吃飯、洗澡、上廁所，還需要和其他人在狹小空間共處一段不算短的時間。進入太空，你可以轉身觀看先前居住的可愛星球；返回地球時，也可以享受像流星般墜落的快感，絕對是趟難忘的旅行！

挑戰閱讀王

看完了〈太空旅行的行前說明會〉後，請你一起來挑戰以下三個題組。

答對就能得到👍，奪得 10 個以上，閱讀王就是你！加油！

◎生活在外太空與生活在地球表面是兩種不一樣的挑戰。在地表有足夠大的地球引力讓你固定於地面，也有大氣層幫你阻隔許多有害的電磁波，讓地球上的生物能夠存活，透過文章的敘述並想一想，回答下列問題。

（　）1. 在地表上我們穿著衣服，一方面為了美觀，一方面為了保護自己，太空人會穿著太空衣到太空艙外活動，那麼太空衣應該提供怎樣的功能呢？（這一題為多選題，答對可得到 2 個👍哦！）

①防止宇宙射線照射到皮膚

②調節體溫

③像尿布一樣，可蒐集排泄物

④提供能量讓太空人不需進食即可存活

（　）2. 文章中提到大氣與太空的界線，被定義在距離地面 100 公里處，那麼在圖中的大氣分層中，哪些分層才有空氣分子的存在？

（這一題為多選題，答對可得到 2 個👍哦！）

①對流層　②平流層　③中氣層　④增溫層

(　) 3. 大氣層由覆蓋在地表的空氣分子聚集形成。太空旅行時,太空船自地面發射,可穿越大氣層的四個分層,由圖可知這些分層與何種因素有關?（這一題答對可得到1個👍哦！）

①距離地面高度

②空氣是否稀薄

③垂直溫度變化

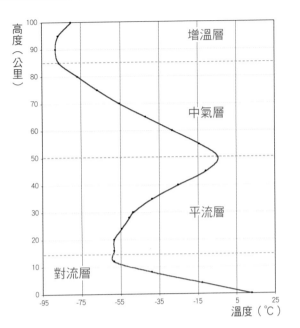

◎當物體開始運動時可能會造成力的改變,我們常以牛頓運動定律來說明。牛頓第一運動定律為慣性定律:物體不受外力之下,動者恆動（等速度運動）,靜者恆靜;牛頓第二運動定律:當物體受外力時,會在力的方向產生加速度,大小與外力成正比,與質量成反比（ F = ma;作用力＝質量 × 加速度）;牛頓第三運動定律則和作用力與反作用力有關。

(　) 4. 不同地點重力加速度的值可能會不同,常見的哪些現象與重力有關?

（這一題為多選題,答對可得到 2 個👍哦！）

①質量相同的物體,在地球上與月球上重量不同

②在太空中無法使用天平測量質量

③抖動衣服,衣服上的灰塵會被甩落

④乘坐車子煞車時,身體向前傾

(　) 5. 我們乘坐電梯時,常感受到有個往下的力,也有身體變得較重的感覺,但整個乘坐的過程並不是時時刻刻感覺變重,依照牛頓第二運動定律,在電梯運行過程中有加速度時才會有受力的變化,依照你的經驗或知識判斷,哪一些情況會讓你覺得體重變重呢?

（這一題為多選題,答對可得到 2 個👍哦！）

①電梯加速上升　②電梯減速上升　③電梯加速下降　④電梯減速下降

（　　）6.如果要畫出乘坐於發射中火箭的太空人受力圖，哪個是比較能表現出太空
人覺得體重變重的受力圖示？（這一題答對可得到 2 個👍哦！）

＊N＝合力，G＝重力

①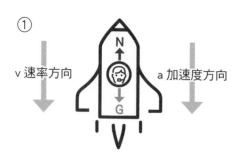

v 速率方向　　　　a 加速度方向

②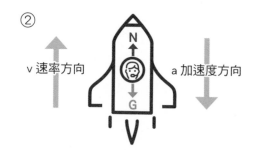

v 速率方向　　　　a 加速度方向

③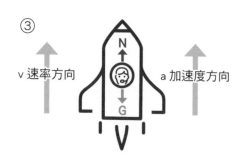

v 速率方向　　　　a 加速度方向

④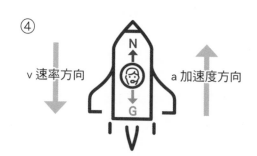

v 速率方向　　　　a 加速度方向

◎物體沿一圓形軌道運動，稱為圓周運動，需要向心力與向心加速度，太空旅行時
太空船進入繞行地球的軌道，雖然仍受地球引力的作用，但此力量被拿來當作向
心力，因此太空人感覺不到地球的引力，會在太空船內飄來飄去。兩物體之間存
在著力，此力的大小與質量成正比，地球引力（地球重力）是因為地球有很大的
質量，所以我們會承受來自地球很大的力，把我們吸在地表上。兩物體之間的力
也會因距離靠近而變大、距離拉遠而變小。

（　　）7.太空船運行在軌道上時，受地球引力影響，
如果瞬間失去地球引力當作向心力，那麼太
空船會朝哪個方向前進？（這一題答對可得
到 2 個👍哦！）
①a　②b　③c　④d

（　　）8.具有質量的物體之間，具有互相吸引的力，為萬有引力，而地球上就是地
球引力。太空人在太空中感覺不到此引力的原因，除了地球引力成為向心

圖片來源：Shutterstock、HEAVENS-ABOVE

力外,也受哪個因素影響?(這一題答對可得到 1 個👍哦!)

①太空人的質量太小 　②地球的質量太大

③太空中重力加速度為 0 　④太空人與地球相距太遙遠

延伸思考

1. 在太空中生活非常不容易,有時甚至影響生理功能,在文章中提到太空人必須不斷運動來維持肌肉的機能,肌肉才不會萎縮,除此之外,太空生活對於骨骼、心臟、眼睛等人體重要器官會有哪些影響呢?利用網路或書籍資料找一找,並了解導致這些器官傷害的原因。科學家為了做比較,曾使用雙胞胎進行研究,一人到太空中工作,一人在地面工作,有哪些重大的發現呢?

2. 國際太空站運行於距離地面約 400 公里的高空,大約可容納六名太空人,偶爾太空站會飛掠過我們的頭頂,雖然太空站不會發光,但藉由反射太陽光,有時可成為夜空中很亮的點。

　①查一查你所在的位置,國際太空站何時會飛過你的上空呢?

　　提示 1: 可能需要知道你所在位置的經緯度,可利用 GOOGLE 地圖或其他軟體來檢索。

　　提示 2: 可能需要進入可查詢國際太空站運行位置的網站,可至 HEAVENS ABOVE 網站或其他網站搜尋。

　②當你進入太空旅行時,太空載具並無法永遠維持同一高度,右圖為國際太空站的高度變化,想一想,可能是哪些原因造成太空站上升或下降?

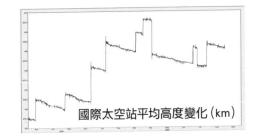

國際太空站平均高度變化(km)

3. 在太空中失重的不只是太空人,動物、植物上到太空都是如此。植物的生長受向性的影響,例如植物的莖朝向陽光生長,稱為向光性;植物的根朝向地球引力方向生長,稱為向地性。那麼,在太空中植物的生長如何被影響?太空站已經做過許多實驗,查一查有哪些有趣的實驗?如果在太空中從種子開始種植一株植物,它的莖、根的生長方向會如何改變?為什麼?

探索地心 的強力幫手 地震

身為超級地球偵探，這次辦案辦到地心去了，而地震竟然成了好幫手？

撰文／周漢強

說起地震，相信一般人都不會有什麼好印象，像是 2010 年中南美洲的海地大地震、2011 年日本發生的 311 大地震還有紐西蘭基督城的大地震，都造成很多生命跟財產的損失。但是，如果我們今天要調查的作案地點位於「地心」的話，那地震就是不可或缺的最強力工具了！

要了解地心，挖個洞下去看看有很難嗎？我老實說好了，人類在過去總共挖過三個最深大約 12 公里的洞，分別是在俄國和芬蘭的交界、俄國的庫頁島以及中東的波斯灣。第一個洞是為了科學研究，後面兩個洞則是為了挖石油跟天然氣。那麼 12 公里究竟有多深呢？以臺北市高 500 公尺的 101 大樓來算，12 公里深的洞足足可以丟入 24 棟 101 大樓並疊起來！不過，如果要挖到地心，地球中心點的深度平均是 6371 公里，也就是說這個洞至少還得再挖個 500 倍才夠深！你說說看，挖洞這個方法是不是沒那麼簡單？

拍拍地球這顆大西瓜

原本以為最簡單的方法看來一點都不簡單，那我們只好借助辦案工具來幫忙了。其實利用地震來探索地球內部這個方法的原理非常容易，而且早就已經被廣泛的運用在日常生活中。例如媽媽要上菜市場買菜，買顆大西瓜可不便宜，偏偏老闆又不肯先剖開來讓顧客瞧瞧，這時候老經驗的媽媽就會用手輕輕拍西瓜的表面，然後用

耳朵聽西瓜傳出來的聲音，來判斷裡面的水分夠不夠，有沒有過熟。而要探測地心，用的就是一模一樣的方法，唯一不一樣的地方是，地球這顆西瓜非常大，所以要「拍」得夠大力，我們才能「聽」得到聲音傳出來，這也就是我們需要「地震」這個得力助手的原因了。

一個規模 6.0 地震所釋放的能量，就相當於一顆當年美軍丟在日本廣島的原子彈能量；而一個規模 8.0 地震所釋放的能量，相當於 1000 倍前面說的那顆原子彈能量。有時候我們會聽到規模很大的地震發生，卻沒有傳出災情，那可能是因為地震的震源位在很深的地底下，所以地表的感覺比較輕微。但是如果同樣的地震發生在地表附近，造成的災情恐怕就不可小覷了。不論如何，只要地震的規模夠大，地震所釋放的能量就足以穿透地球內部，讓位在地

用地震探索地球

地震釋放的能量在穿透地球時，遇到不同的物質特性，會有不同的傳遞速度（右圖以不同顏色代表震波傳遞速度快慢）。透過世界各地的地震測站（圖中以小房子表示）偵測能量到達的時間，就可以得到推測地球內部組成物質的線索。

慢 ←——— 震波傳遞速度 ———→ 快

球另一面的地震測站收到震動的訊號，這樣也就等於可以「聽到」地震拍了地球一下之後的聲音。

當大地震發生之後，地震所釋放出來的能量會從地底下往四面八方擴散出去，再加上地球表面很多地方都設有地震觀測站，所以朝著不同方向出發的能量，就會穿過不同深度的地球內部，沿著不同路徑抵達位於全世界的各個測站。當地球裡面不同區域的物質有不同的特性時，就像水分多的西瓜或是水分少的西瓜一樣，造成地震所釋放的能量在經過這些區域之後改變了原本的形式和傳遞速度，結果每個測站收到能量的性質跟時間就會有所不同。科學家利用這些測站所接收

到的資料，可以反推地球裡面的物質有什麼特性，甚至可能是由什麼物質所構成的。

地震所釋放的能量在穿透地球之後傳遞出最基本的訊息，是告訴我們地球在不同深度的物質，傳遞這些能量時的速度快慢。而這個傳遞速度所代表的意義就像是我們拿一塊橡皮擦，壓它一下讓它變扁，然後恢復原狀的速度，以及扭它一下再讓它恢復所需要的時間，這也就是地底下物質傳遞能量速度快慢的基本性質。但是，其實地震這個方法也不是真的那麼厲害，就像我去年夏天在超級市

繪圖：張國瑞

40

▼下方黃點代表震波到達各個測站的時間，從前面四個測站的觀測結果，我們可以畫出一條黃色虛線，預測震波到達最後一個測站的時間。但是從實際觀測的結果看起來，震波到達最後一個測站所需要的時間，顯然比預測的結果要長，這可能表示震波經過了傳遞速度很慢的物質，也就是地球的核心區域。

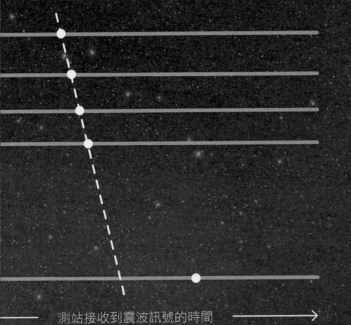

測站接收到震波訊號的時間 ⟶

場自以為是的抱著西瓜拍了老半天，正想說這顆西瓜沒什麼水分的時候，店員冷冷的告訴我說，先生，那是冬瓜！

地震的能量在傳遞時所傳達出的訊息，就像是目擊證人說出兇手臉上有一顆痣一樣，臉上有痣的人很多，我們沒辦法只依靠這個特徵就找到兇手。但是如果監視器有拍到犯人的體型和穿著，而根據體型跟穿著找到當天曾經到過現場的嫌犯臉上又正好有顆痣的話，那這個目擊者的證詞就變得相當重要。組成地球裡面的物質也是一樣，具有相同傳遞地震能量性質特徵的物質有很多，如果我們能夠用其他方法縮小可能的對象範圍，才

有可能利用地震的「證詞」，來讓我們得到比較肯定的答案，得知究竟地底下是由什麼物質所組成的！

有請火山來爆料

當然，好偵探不會只有一樣工具。我們還是需要尋找其他的證據和蛛絲馬跡，才能更進一步接近案情的真相。首先，我們要藉助地震的好朋友——火山的幫忙。

火山噴出來的岩漿，大約形成於 100 公里深的地底下，遠遠超過我們能夠挖洞挖到的深度。雖然岩漿本身能夠告訴我們的訊息不多，因為地底下的東西都已經熔化成岩漿之後才噴到地表上來重新冷卻。就像原本是一根巧克力脆皮草莓夾心的冰棒，被融化之後再放到冷凍庫結冰，我看任誰也猜不出它原來的模樣。不過幸運的是，有很多噴發到地表的岩漿裡面，居然夾帶著部分沒有被熔化掉的岩石在裡面，而科學家發現這些沒有被熔化掉的岩石，主要是由一種叫做「橄欖石」的礦物所組成。會不會這些被夾帶到地表上來的橄欖石，就是組成地底下 100 公里左右的物質，甚至連更深的地底下也都是由橄欖石所組成呢？很好，最大的嫌疑人出現，我們要來好好審問一下！

於是科學家就在實驗室裡先模擬地底深處的溫度和壓力，然後試著壓一壓、扭一扭這些橄欖石，看看它們的反應跟觀測到地震能量傳遞時的速度是不是吻合。結果沒錯，兩者的數據相當吻合！最後根據橄欖

石在高溫高壓實驗室被拷問的結果，我們認為地球裡面大約從地表幾十公里深到地球中心一半的深度（大約 2900 公里），可能都是由橄欖石這種礦物所組成。等一下，為什麼只有半個地球？這是因為當深度超過 2900 公里深之後，地震能量傳遞的速度以及傳遞出來的訊息都和地球上半部很不一樣，這就表示地球的下半部組成物質恐怕也很不一樣。

這下糟糕了！我們真正想知道的祕密就是地心到底是什麼做的，結果現在才到地球一半的深度，好不容易搞清楚上半個地球的可能成分，卻發現下半個地球顯然是由很不一樣的東西所組成，而且這一次，也不會再有岩漿或其他物質可以從地球最深的區域冒到地表上來給我們任何線索。

沒有嫌疑犯，目擊者的證詞也就變得沒有太多用處，眼看就在案情即將進入膠著的時刻，突然天外閃過一瞥流星的尾巴……啊，流星！……嗯，有隕石掉下來了！

天上掉下來的線索

探索地心最後的線索，就是落在地面上的流星——隕石。這故事要從地球還未形成時，原始太陽系裡還滿布著大大小小的隕石那時說起。當時那些隕石彼此因為萬有引力的吸引，一個個都撞到了一起，慢慢積聚成今天的地球。由於最開始互相撞擊的隕石數量非常多，而這些撞擊所產生的能量很高，於是會把整個地球都熔化成為一團岩漿，這個時候組成地球物質中密度比較大的東西就沉到最靠近地心的最深處，密度小的物質會集中到地球表面，才會造成地球裡面分成上下兩半不同的成分。所以這些隕石就像是

◀地底的岩漿在上升過程中，偶爾會夾帶一些沒有熔化的岩石，並且把這些岩石帶到地表上來。科學家發現這些被夾帶上來的岩石中，最主要成分是橄欖石。左方照片中黑色的岩石代表上湧的岩漿冷卻所形成，綠色的礦物則代表從地底深處被夾帶到地表附近，沒有被熔化的橄欖石。

繪圖：張國瑞、曾建華（流星）；攝影：周漢強

一顆顆縮小版的地球，身上都帶著我們最想知道的地心祕密。

但是，要去哪裡找當年這些隕石啊？嘿嘿，當時雖然有很多隕石撞向地球，成為地球的一部分，卻也有極少部分的隕石至今還在地球附近運行。它們偶爾會因為飛得太靠近地球，而被地球的萬有引力吸過來，墜落在地球表面，也就是我們偶爾會在夜空中看見的流星。我們分析這些隕石的組成成分後，發現一個重要的現象，那就是隕石中所含有的成分都和靠近地表的這半個地球的成分相當一致，唯一不同的就是，部分隕石中含有相當大比例的鐵和少部分的鎳，而這兩種金屬在這半個地球所占的比例卻相當少，這或許意味著，地球最深處的那另外半個地球，很有可能就是由鐵以及少部分的鎳所組成。

眼看著毫無頭緒的案情，終於因為天外飛來一顆隕石而得到重要的線索，完成了案情的最後一塊拼圖，現在讓我們來整理每一位目擊者的證詞。如果把鐵和鎳當做地心的組成成分，綜合分析地球的質量、平均密度、地震能量的傳遞速度、鐵鎳物質在地心溫度壓力下的狀態及特性、甚至是地球有磁場這個現象的所有特徵，都可以一一得到驗證，因此我們最終認為地球中心是由鐵以及少部分鎳所組成的可能性相當相當高。

看到這裡，我相信聰明的讀者應該已經發現，其實我們並沒有百分之百確定兇手究竟是誰。根據地震所傳遞出來的證據和其他重要的線索，我們也只是找到了最有嫌疑的對象而已。但至少目前為止，在我們還沒有任何直接的方法可以剖開地球這顆巨大西瓜的情況下，利用科學辦案手法和鉅細靡遺的證據收集，可以得到這個可信度那麼高的推論，還是一件相當不容易的成就，這就是探索地球最有趣的地方了！ 科

作 者 簡 介

周漢強　臺中市清水高中地球科學老師，人稱「強哥」，經營部落格「新石頭城」。從高中開始熱愛地球科學，除了地科之外，他也熱愛加菲貓。

哇！有流星耶！

咦？在哪！？

探索地心的強力幫手——地震

國中地科教師　羅惠如

關鍵字：1.地球內部構造　2.地心　3.地震　4.地震波　5.震速

主題導覽

　　我們生活在地球表面，對地球內部的認識並不多，若將地球當作一顆蘋果，我們賴以為生的生物圈範圍，就僅是蘋果皮而已！已知由地表往下可分為地殼、地函、地核，但科學家如何知道的呢？透過現今的科技仍無法直接以鑽探技術深入地心，但我們能透過「地震」、「火山噴出物」、「隕石」等，來了解地球內部的構造。

挑戰閱讀王

看完了〈探索地心的強力幫手——地震〉後，請你一起來挑戰以下三個題組。

答對就能得到👍，奪得 10 個以上，閱讀王就是你！加油！

◎我們可以使用拍打瓜類回傳的聲音來判斷瓜類內部水分多寡。把地球看成一個大型的瓜類，然後拍打它，是否也能聽出什麼端倪呢？透過文章中用地震來了解地球內部的構造，思考以下問題。

（　）1.目前了解地球內部構造「分層」的主要依據為？

　　　　（這一題答對可得到 1 個👍哦！）

　　　　①以手拍打地面聽取反彈的聲音　②地溫變化

　　　　③地震波傳播速度　④用機器鑽探

（　）2.地震通常為地層錯動後能量釋放的過程，發生時震波由震源往四面八方傳播，右圖為文章中某處發生地震的震波傳遞路徑，分層處有曲折的現象，可能與下列哪些現象原理類似？（這一題為多選題，答對可得到 2 個👍哦！）

　　　　①筷子插入水中有彎曲的現象　②救護車由遠駛近時音高有變化

　　　　③在水中游泳時聽到水面上的人說話聲音有差異

曲折處

繪圖：張國瑞

（　　）3.波的行進方向改變是因為何種因素？（這一題答對可得到 1 個👍哦！）

　　　①波在傳遞的時候能量耗損

　　　②波在不同介質中波速度不同

　　　③波傳遞時會在每個時間區段做行進方向的改變

（　　）4.常見地震波有 P 波及 S 波，在圖中 S 波於深度 2000 ～ 4000 多公里處的波速為零，代表何種意涵？（這一題答對可得到 2 個👍哦！）

　　　①在外地核處 S 波無法傳遞

　　　②S 波以波速 0 的速度前進

　　　③S 波轉換成 P 波，加在原本的 P 波一起傳遞

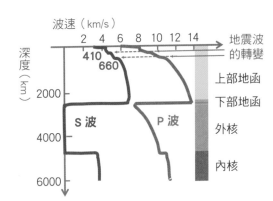

◎當我們試著以火山噴出物來分析地球內部構造時，如果幸運的找到噴發到地表的岩漿中夾帶沒有被熔化的岩石，就稱為「擄獲岩」，這些物質可能是岩漿通道壁上的部分，也可能是上部地函的一部分，地球內部構造可見右圖所示。

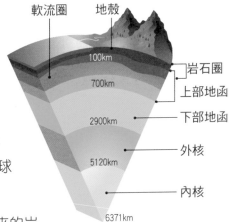

（　　）5.由文章中的敘述可以得知，火山噴出來的岩漿，大約形成於 100 公里深的地底，由圖可知這些岩漿源自於地球內部結構的哪個分層？（這一題為多選題，答對可得到 2 個👍哦！）

　　　①岩石圈　②軟流圈　③上部地函　④下部地函

（　　）6.火山噴出物（岩漿）還在地函中時，岩漿上升到同樣密度的地層時可能集聚成為岩漿庫，在壓力或其他因素作用下，等待地殼有裂縫時就會噴發而出，因此常見火山均在地球板塊交界處，那麼考慮板塊相對運動與地殼厚度，三種板塊交界類型中，哪一種最容易取得含有地函物質的擄獲岩？

（這一題答對可得到 2 個 👍 哦！）

①聚合性板塊　②張裂性板塊　③錯動性板塊

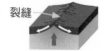

◎隕石有許多種類，其中一部分的隕石可視為縮小版地球，在形成的過程也可能像地球一樣有層圈的構造，當隕石墜落地面過程中，經過大氣層摩擦，將外層燃燒殆盡，剩下的就類似地球地心的部分。

（　）7.我們透過地震及擄獲岩得知地殼與地函的可能成分，再透過隕石來推測地球更深處的成分。依文章中敘述，科學家如何使用隕石來推測地球內部組成？（這一題為多選題，答對可得到 2 個 👍 哦！）

①分析隕石發現組成成分的比例與地表相當一致

②隕石含有大量鐵、鎳，但這兩種成分在地球表面的比例卻很少，推測可能聚集在地心深處

③把組成隕石的主要成分鐵、鎳當作地心的組成成分，分析地球的質量、平均密度、地震能量傳遞速度等，都與觀察或計算出來的特徵符合

④隕石的主要成分與火山岩漿的成分相當類似

（　）8.透過隕石我們得以推知地心是由鐵鎳物質聚集形成地核，地球形成之初地球內部並沒有分層，那麼此分層可能是依據物質的何種物理特性？

（這一題答對可得到 1 個 👍 哦！）

①物質密度　②熔點　③沸點　④溶解度

延伸思考

1.地震波可簡單分成 P 波、S 波、洛夫波、雷利波，但並非均能穿越地球內部。

①右圖為 921 地震時地震儀紀錄圖，你能試著把上述各種波標示在右圖中嗎？

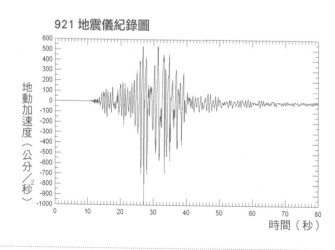

921 地震儀紀錄圖

②查一查圖書館地震相關書籍或中央氣象局網路資料，了解這四種波的差異，並歸納哪些可穿越地球內部，完成下列表格。

地震波種類	橫波／縱波	波速快慢	可在地球內部哪些分層傳遞（勾選）
P 波			□地殼 □上部地函 □下部地函 □外核 □內核
S 波			□地殼 □上部地函 □下部地函 □外核 □內核
洛夫波			□地殼 □上部地函 □下部地函 □外核 □內核
雷利波			□地殼 □上部地函 □下部地函 □外核 □內核

2. 科學家藉由地震波速的不同將地球分層，其中有三個波速轉變較大的地方：古式不連續面、莫式不連續面、雷曼不連續面。請試著查詢資料來了解這三個不連續面的位置，並在右圖地球內部分層位置中標示出來。

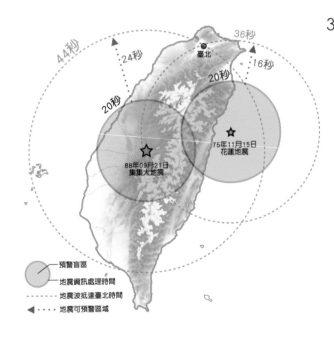

- ⬤ 預警盲區
- ── 地震資訊處理時間
- ----- 地震波抵達臺北時間
- ◀ ···· 地震可預警區域

3. 強震即時警報的原理是利用快速通訊技術，搶先在破壞性地震波到達前，給予強震警報，屬於一種減災的技術。以 921 集集大地震為例，除了預警盲區外，若其餘地區可透過地震速報系統先行獲知有地震發生，便能及時作好防範。查一查，你所處的位置，位於多遠的地區發生地震時你能收到即時警報？位於多遠的地區發生地震時，收到警報後你還有充裕的時間可以避難？

海底的寶藏
澎湖海溝動物群

在澎湖與臺灣之間，一個不太深的海溝裡沉睡著大量的動物化石，
等著我們去發現牠們的存在和生活故事。

撰文／鄭皓文

在澎湖海溝竟然可以撈到這種東西！

這是水牛的左下顎骨喔！

攝影：鄭皓文

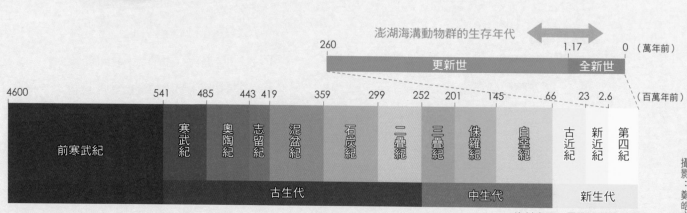

澎湖海溝動物群的生存年代

260										1.17		0	（萬年前）

更新世	全新世

4600	541	485	443	419	359	299	252	201	145	66	23	2.6	（百萬年前）
前寒武紀	寒武紀	奧陶紀	志留紀	泥盆紀	石炭紀	二疊紀	三疊紀	侏羅紀	白堊紀	古近紀	新近紀	第四紀	

古生代	中生代	新生代

資料來源：國際地質委員會

繪圖：曾建華

澎湖海溝動物群的發現

所謂的澎湖海溝，指的是介於臺灣本島與澎湖群島之間，在臺灣海峽中一段地形比較特殊的海域。水深平均在 70 ～ 80 公尺之間，最深也才 200 公尺，和大家想像中的水深動輒幾千公尺的海溝不太一樣，因此又叫澎湖水道。但是在海底怎會有陸生脊椎動物的化石呢？其實這和在喜馬拉雅山區可以找到魚龍和菊石等海生動物化石的道理是一樣的，都是地球環境自然變遷所留下的證據！

原來在幾萬年前的新生代第四紀更新世晚期，地球正處於冰河時期。冰河時期從海洋蒸發到大氣的水，可能會飄到高緯度地區下雪形成冰河，由於這些水沒有回到海洋，使得海平面大幅下降。當時的東海和南海海面約下降了 100 ～ 150 公尺，原本隔開中國大陸和臺灣本島的臺灣海峽也就在此時露出，變成連結兩地的「臺灣陸橋」，成為各種陸生動物生存繁衍的樂土。

意外的漁獲

在好幾十年前，甚至更早的年代，臺灣西部沿海和澎湖一帶的漁民在使用底拖網捕魚的過程中，就偶爾會撈到這些海底的寶藏。

大陸棚

澎湖群島

澎湖海溝

中央山脈

冰河時期海平面下降，形成連結中國大陸和臺灣本島的陸橋，各種陸生動物藉此可在兩地移動，找尋生存繁衍的樂土。

底拖網是一種在漁網上綁上重物，讓
網子沉入海底後，由海面上的漁船加足
馬力拖行的捕魚方式，會將海床上的所
有東西，包含魚、蝦、海星、海膽、珊瑚，
甚至石頭通通一網打盡，所以必須再將打
撈上來的漁獲進行挑選、分類。

　　當時的漁民對於化石並沒有概念，只是發
現打撈到的石頭有些形狀很像骨頭，卻比人
類的骨頭大上許多，但不管如何，撈到骨頭
總是不太吉利，便把這些像骨頭的石頭都堆
放在廟宇的一角，當做無名氏來祭拜。直
到喜歡收集奇形怪石的民間收藏家發現後，
開始撿拾收集，甚至直接跟漁民約定收購，
漁民才逐漸體認到這些「沉重的漁獲」不只
不是死人骨頭，還是珍貴且可賣錢的寶貝。

我有問題！

澎湖海溝的化石為什麼表面是暗褐色的？

化石的顏色跟它被挖出的地層成
分有很大的關係。大部分的化
石都是經由沉積物的掩埋後，
逐漸被周圍的礦物質取代而
形成化石。但澎湖海溝的化石
並沒有被地質掩埋，而是沉在海床上，化
石的成分自然就不太一樣，會呈現暗褐色
是因為鐵的含量很高的緣故。

　　這幾十年來漁民打撈到的哺乳動物化石已
數以萬計，但具體的打撈位置並不清楚，僅
知主要的打撈地點位於臺灣海峽靠近澎湖群
島的海域，因此將從這裡打撈到的動物統稱
為「澎湖海溝動物群」！

種類龐大的動物群

　　不過，真正開始進行這些化石的研究，卻
是近 20 年的事。1994 ～ 1996 年間，國
立自然科學博物館邀請北京中國科學院古
脊椎動物與人類研究所的科技人員合作，將
館藏及民間收藏的近 500 件從澎湖海溝打
撈上來的化石進行分類和鑑定。鑑定結果發
現，這些化石大多屬於陸生脊椎動物，而且
種類繁多，有靈長類的晚期智人，食肉類、
奇蹄類、偶蹄類以及長鼻類等幾十種陸生哺
乳動物。

▲ 從澎湖海溝打撈到大量的化石。

繪圖：鄭景文、曾建華，圖片來源：張鈞翔

澎湖海溝動物群的演化源流

目前發現的化石種類大概有幾十種：包括食肉類的貉、棕熊、最後鬣狗、虎，奇蹄類的馬，偶蹄類的豬、四不像鹿、水牛，以及長鼻類的古菱齒象等，甚至還有鯨、鱷與龜類，豐富的化石種類顯示當時這個區域曾是生機盎然的動物天堂。

從西邊來，還是東邊？

那麼這些動物是從哪裡而來的呢？從相同的地理緯度來看，澎湖海溝的位置和大陸華南地區相當且接近，理論上應該是屬於同一個動物群的分布範圍，而華南地區也有著名的「華南大熊貓－劍齒象動物群」的化石發現。不過，這兩個動物群的化石種類卻大不相同，在澎湖海溝動物群中並沒有發現任何大貓熊、劍齒象等「華南大熊貓－劍齒象動物群」的基本成員。顯然，這兩個動物群分屬於不同的群集（同一棲地裡所有生物族群的集合）。也就是說，澎湖海溝的動物群並不是從大陸華南地區遷徙過來。

和西邊沒有關聯，那麼東邊的臺灣本島呢？在同緯度的臺南地區有聞名的「菜寮左

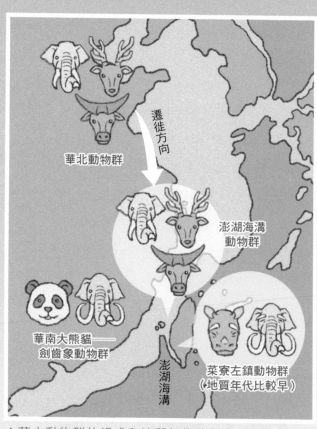

▲藉由動物群的組成和地質年代的判定，澎湖海溝動物群推測是從華北地區遷徙而來的。

我有問題！

要怎麼知道化石幾歲了？

探究化石的年代一般有兩種方式：

❶ 相對年代：若已知化石出土的地層年代，當然就可推知化石所屬的年代，反之亦然，只是年代範圍可能很大，這種方法稱為「相對年代」。

❷ 絕對年代：像澎湖海溝的化石無法找到出土的地層，或是需要得知較確切的年代時，就必須靠「同位素定年法」來測定，這種方式得到的數據稱為「絕對年代」。

繪圖：鄭景文（上圖）、曾建華（下圖）

什麼是「同位素定年法」?

構成自然界物質的各種元素中,很多都有放射性的「同位素」。這些同位素和原本的元素化學性質相同,只是在原子的層次略有不同且較不穩定,所以會以放射性的方式變成其他較穩定的元素,這個過程稱為「衰變」。每種同位素衰變至原本一半的量所需的時間是固定的,稱為「半衰期」。所以科學家只要透過測量樣本中所含同位素的比例,就可得知樣本歷經了多少次半衰期,算出經過的時間。

例如,碳具有「碳14」與「碳12」兩種同位素,其中碳14是較不穩定的,會衰變成氮元素。在活著的生物體中,碳14與碳12所占的比例不變,可是生物一旦死亡後,就不再從外界吸收碳14,所以遺體內的碳14會因衰變而愈來愈少,科學家只要經由儀器測定化石樣本中碳14與碳12的比例,就可推算出樣本的年代。

假如有一個樣本中碳14所占的比例經測量後,只剩下活體的四分之一,那就表示樣本歷經了兩個碳14的半衰期,而碳14的半衰期是5730年,所以得知樣本的年代大約有 $5730 \times 2 = 11460$ 年!

不過這種碳14的定年法只適合用來測定約五萬年內的標本,因為若歷經太多次半衰期,碳14的含量就會少到難以測量或誤差太大。所以若要測量年代較久的標本,就必須採用半衰期較長的同位素,例如鉀40衰變成氬元素,半衰期就長達12.6億年。

鎮動物群」,但菜寮左鎮動物群的生存年代比澎湖海溝動物群要更早,是更新世中期,距今約70萬～40萬年前。海峽兩岸的學者曾對幾件澎湖海溝的化石做了同位素的定年檢測,得到的地質年代大約是距今4萬～1萬年前,屬更新世晚期,與菜寮左鎮動物群的年代有很大的差距,而且菜寮左鎮動物群的主要成員是早坂中國犀牛、劍齒象、斑鹿和獼猴,與澎湖海溝動物群的種類大多不相同,也看不出有相承關係,所以澎湖海溝的動物群也不是從臺灣本島遷徙而來的。

遷徙的足跡

令人意想不到的是,科學家發現在大陸華北江淮地區的動物群化石種類,竟然和澎湖海溝動物群有高度的相似性,都是以古菱齒象、四不像鹿和水牛為主要的動物組合。除此之外,大陸漁民也在福建東南方的東山島海域以及較北方浙江省的舟山群島海域,都曾撈獲不少與澎湖海溝動物群特徵和組成皆相似的化石。這些化石的發現,以及在地域上的分布,讓澎湖海溝動物群和大陸華北江淮地區的動物群有了連結,所以有科學家推論,在更新世晚期可能因為冰河時期的北方過於寒冷,導致原本分布在大陸華北江淮地區的動物往南遷徙,一路走到了現今的澎湖與福建的東山島附近(當時是陸地),並居留下來,而形成了澎湖海溝動物群。

澎湖海溝動物群的成員

目前所發現的澎湖海溝動物群化石種類雖然很多，但因為是海撈的標本，所以不可能像在陸地岩層中原位挖掘一樣採集到完整的個體骨架，反而都是不同個體的零散骨骼；當然這也就增加了科學鑑定與復原的難度。不過可以確定的是，其中以古象、水牛和鹿的數量最多，顯然當時這裡是植食性哺乳動物的天堂。接下來就來看看牠們的廬山真面目吧！

體型巨大的古象

在臺中的自然科學博物館生命科學廳的入口，訪客第一眼會看到的大型動物化石骨架，就是澎湖海溝的古菱齒象（雖然它只是複製品）。

在澎湖海溝動物群中，象的化石經初步鑑定至少有 25 種，其中以古菱齒象的數量最多。古菱齒象的臼齒咀嚼面上有中間略寬而兩邊窄的菱形紋路，因而得名。從骨骼的大小來推估，當時的古菱齒象體型遠比現在的非洲象還要巨大。

▼古菱齒象的左下顎，咀嚼面前端可見清楚的菱形紋路。全長 42 公分，牙長 24 公分。

攝影：鄭皓文

澎湖海溝動物群
生活想像圖

德氏水牛

四不像鹿

有稜有角的水牛

水牛的種類主要是德氏水牛，另外還有楊氏水牛及少數尚未鑑定出的種類。科博館也曾根據數量眾多的德氏水牛骨骼復原出完整的全身骨架。德氏水牛的牛角彎曲幅度較小，橫切面不是圓形，而是有明顯的稜角。

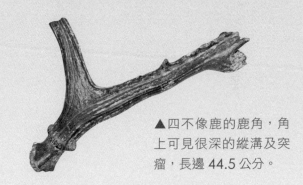

▼德氏水牛頭骨上半部加牛角，牛角上可見明顯的稜線。

說像又不像的鹿

澎湖海溝的鹿化石種類眾多，不但有水鹿、斑鹿，甚至還有馴鹿。但最多也最特別的是四不像鹿。四不像鹿一直到全新世才滅絕，根據文獻的記載，因為牠的角像鹿而不是鹿、頸部像駱駝而不是駱駝、蹄像牛而不是牛、尾巴像馬而不是馬，所以稱為「四不像」。四不像鹿的鹿角上有很深的縱向條紋，同時帶有許多突瘤，因此很容易和其他種類的鹿角區別開來。

除了以上所介紹的物種，澎湖海溝的哺乳動物化石中還有較少見的馬、熊、鬣狗、野豬、甚至老虎。另外還有龜鱉及鱷等爬蟲類，甚至連大型的鯨都有發現。顯然這個區域當時也曾遍布河道以及與海交界的河口。

▲四不像鹿的鹿角，角上可見很深的縱溝及突瘤，長邊 44.5 公分。

繪圖：鄭景文

古菱齒象

原始人類的足跡

發現工具的痕跡

　　澎湖海溝動物群的化石除了引起古生物學家的興趣，同時受到古人類學家的重視，因為在極少數的標本上發現了一些明顯的砍痕或割痕。這些痕跡的橫切面是呈 V 字形，和肉食性動物啃咬所造成的 U 字形凹痕明顯不同；當然也不像動物間打鬥衝撞或受傷所造成的擦痕或碎裂痕。換句話說，這些痕跡是人為造成的！至於原因，有可能是當時人類為了打獵或割取肉塊、鹿皮時用器具所造成。

澎湖原人現身！

　　從以上的證據顯示當時也有人類在此地活動，不過在所有已發現的標本中，只有零星幾件人類的肢骨化石，一直沒有發現古人類學家夢寐以求的頭骨化石，以致對當時的人

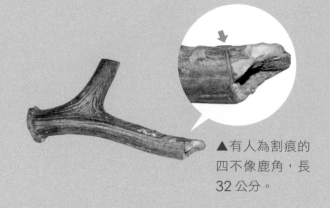

▲有人為割痕的四不像鹿角，長 32 公分。

類種屬鑑定與演化關係無法得到進一步線索。這樣的空白在數年前有了重大的突破！臺中科博館的研究團隊最近針對一件澎湖海溝的人類下顎化石發表了最新的研究論文，命名為「澎湖原人」。

　　這個澎湖原人下顎化石推測年代可能是距今 45 萬～ 19 萬年前，是臺灣最古老的人類化石，比澎湖海溝其他動物化石的年代要更早，但澎湖原人的生存年代也是有可能延伸至一萬年前的更新世晚期。

　　這個澎湖原人下顎化石上，有著下顎前部

攝影：鄭皓文

澎湖原人生活想像圖

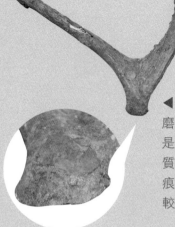

◀四不像鹿角根部明顯被磨成銳利的扁斧狀，顯然是一件當時人類製作的骨質器具，恰巧填補了有砍痕但無工具的研究缺口。較長的一邊約 52 公分。

下方內縮（即嘴部往前凸）、臼齒呈圓柱狀及頰側骨骼厚實等較現代智人更原始的特徵，和在臺南發現的智人「左鎮人」（約兩萬年前）明顯不同，反而更接近亞洲直立人的型態。

▶這個人類下顎骨化石是鑑定為「澎湖原人」的重要關鍵。

圖片來源：張鈞翔（澎湖原人）

我有問題！

這種工具痕跡怎麼知道是真是假？

也許有人會懷疑，這些人工痕跡或史前器具有沒有可能是現代人造假或漁網拖拉時所造成？但就如同古董鑑定的原理一樣：歲月的痕跡是很難造假的。這些標本上的痕跡都和其他部位一樣有著相同的風化狀態與天然呈色，可見這些痕跡是在標本石化之前就已造成。至於漁網撈刮的痕跡更是明顯的不同！

◀水牛的右下顎長24公分，下方有一排明顯的漁網拖刮痕，和人為割痕明顯不同。

化石研究的漫漫長路

澎湖原人與眾不同

亞洲直立人的代表是北京原人與爪哇原人，科學家比對後發現，澎湖原人的臼齒比這兩種直立人更粗壯、原始，表示澎湖原人很可能是亞洲直立人演化譜系中的新支系。

在整個亞洲地區早期人類的演化、分布及遷徙的未知拼圖上，澎湖原人的發現帶來新的演化議題，需要更多化石證據來釐清。但茫茫大海，要打撈到其他澎湖原人的化石就像海底撈針一樣困難。加上化石長時間浸泡在海水中，無法抽取到足量做為定年檢測的成分，使年代鑑定結果只有參考範圍（圖中紅色虛線），都是現階段所面臨的瓶頸。

滄海桑田的省思

澎湖海溝動物群讓我們見證一段史前臺海地區由「桑田」變「滄海」的歷史，曾經有那麼多樣的生物棲息其中，如今大都已消失無蹤，而這樣的變遷僅發生在數萬年間！

雖然澎湖海溝動物群已消逝，卻留下大量的寶貴化石。這些化石是探究冰河時期臺灣與大陸動物群聯結、遷徙、分化與滅絕的重要證據，但其實大多還沒有經過深入而完整的研究。透過澎湖原人的發現，希望能喚起對這個領域的重視，未來能投入更多的人力與物力來研究，讓我們對自己家鄉故土的早期環境和歷史有更進一步的認識！ 科

作者簡介

鄭皓文　臺中市東峰國中生物老師，熱愛古生物，蒐藏了近百件古生物化石，在生物課堂上讓學生賞玩，生動活潑的教學方式深受學生喜愛。

特別感謝國立自然科學博物館張鈞翔博士提供諮詢。

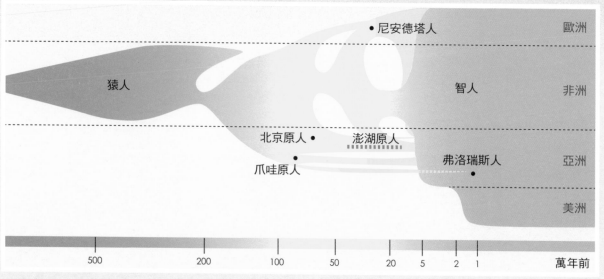

▲澎湖原人的發現，不管是在生存年代或是地域分布上，都為直立人增添了新疆界。

繪圖：黃榆儒

海底的寶藏：澎湖海溝動物群

國中地科教師　侯依伶

關鍵字：1.化石　2.澎湖海溝動物群　3.古菱齒象　4.澎湖原人　5.四不像鹿

主題導覽

　　神祕的化石總是可以引起許多人的好奇心，更能協助科學家了解地球早期生物演化、生存方式以及地球環境的演變歷史。化石來自生物死亡後的遺體或生物生存時所留下的遺跡，經長時間的掩埋，隨著周圍的沉積物一起變成了堅硬的岩石，在地殼中長期被保留下來。但澎湖海溝的化石並沒有被地質掩埋，而是沉在海床上。

挑戰閱讀王

看完了〈海底的寶藏：澎湖海溝動物群〉後，請你一起來挑戰以下三個題組。

答對就能得到 👍，奪得 10 個以上，閱讀王就是你！加油！

◎文章中介紹了許多有關澎湖海溝動物群的知識，請試著回答下列問題，了解自己閱讀的成果。

（　　）1.澎湖海溝中打撈到的化石來自下列哪一個地區？

（這一題答對可得到 1 個 👍 哦！）

①臺灣島上的生物死亡後被河水沖到澎湖附近的海底

②中國華南的生物死亡後被河水沖到澎湖附近的海底

③當時生活在臺灣陸橋的生物死亡後被掩埋

④坐船經過臺灣海峽時遭遇船難掉入海底的生物

（　　）2.澎湖海溝動物群的生物包括下列哪一個類別？

（這一題為多選題，答對可得到 2 個 👍 哦！）

①人類　②象　③恐龍　④鯨

（　　）3.數萬年來，澎湖海溝的地理環境變化，與哪一種地球變動息息相關？

（這一題為多選題，答對可得到 2 個 👍 哦！）

①板塊構造運動讓此處地殼抬升，導致滄海變桑田

②地球氣候變遷，全球暖化的結果使得此處轉變成現今的海洋環境

③隕石的撞擊導致地球環境丕變，大陸相對移動造成海洋誕生

④數萬年的大雨沖刷，使得大量生物化石被侵蝕搬運進入海洋

（　）4.目前考古學家對「澎湖原人」的研究結果，下列敘述哪些是正確的？

（這一題為多選題，答對可得到 2 個👍哦！）

①生存年代比澎湖海溝動物群晚　②在地球上出現的時間比左鎮人早

③已經找到完整的澎湖原人化石　④已經能夠使用工具獵捕動物

◎「地質年代」是用來描述地球歷史事件的時間單位，其中通常用於地質學和考古學。劃分地質年代最大的單位是「宙」，可以分為較早的隱生宙和較晚的顯生宙。顯生宙又可以分為古生代、中生代和新生代；隱生宙現在則可分為冥古宙、太古宙、元古宙。地質年代主要依據生物的發展和岩石形成順序加以劃分，並用放射性定年法來測出地層形成的絕對時間，據以編制出地質年代表（如下圖）。請根據此圖回答問題。

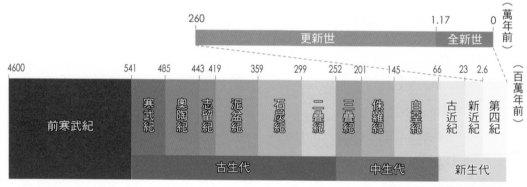

資料來源：國際地質委員會

（　）5.根據上述說明，可得知「前寒武紀」相當於哪一段時期？

（這一題答對可得到 1 個👍哦！）

①顯生宙　②隱生宙　③冥古宙　④元古宙

（　）6.根據圖中各個地質年代所對應的時間，請你判斷下列哪一段時期所經歷的時間最長？（這一題答對可得到 1 個👍哦！）

①寒武紀　②白堊紀　③更新世　④新生代

(　　)7. 根據目前科學家找到的化石資料判斷：「真正的哺乳動物最早出現在三疊紀末期，並於新生代繁榮興盛，成為陸地上具有強力支配力量的族群」，可得知哺乳類約出現在距今多久以前？（這一題答對可得到 1 個👍哦！）
① 2500 萬年前　② 2000 萬年前　③ 2 億 5000 萬年前　④ 2 億年前

◎科學家發現利用冰芯中氧的同位素含量，可以推知地球古代的氣候。在溫度高的時候，氧 -18（O^{18}）較難蒸發，所以海水中 O^{18} 的含量比例會增加。據此科學家仔細的訂出冰芯中 O^{18} 的比例和地質時間的關係，藉以回溯出過去地球歷史的氣溫變化，結果如下圖所示。請回答下列問題：

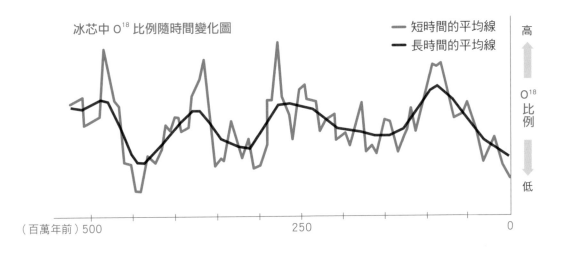

(　　)8. 相對於整個五億多年來的顯生宙時期，目前我們所處年代的氣候偏冷還是偏溫暖呢？（這一題答對可得到 1 個👍哦！）
①偏冷　②偏溫暖

(　　)9. 從長時間的平均線來看，對照前頁的地質年代表，下列哪些地質年代在地球歷史上是偏暖的時期？（這一題為多選題，答對可得到 2 個👍哦！）
①奧陶紀　②石炭紀　③二疊紀　④白堊紀

(　　)10. 從短時間的平均線來，下列哪一個時間點，地球表面被海水覆蓋的面積會是最大的？（這一題答對可得到 1 個👍哦！）
① 5000 萬年前　②一億年前　③兩億年前　④三億年前

延伸思考

1. 不同的地質年代中有著不同的代表性化石，請你上網查一查相關資料。想一想，
   這些不同的生物種類可以告訴我們怎樣的生命演化故事？

2. 國立科學博物館的張鈞翔主任是臺灣少數專精於研究澎湖海溝動物群的專家，上
   網看一看他精彩的演講「從澎湖原人談起 —— 臺灣第四紀哺乳動物群的特色」
   （youtu.be/4PI1b-UdgBY），可以幫助你更了解本篇文章的內容！

3. 臺南左鎮化石園區是臺灣目前唯一以化石為主要展出內容的博物館，你可以利用
   假日邀請家人一同前往臺南參觀學習，也可以進一步比較左鎮化石群和澎湖海溝
   動物群種類與地質年代的差異情形！

穿梭雲間的小水滴之旅

天空中總是掛著奇形怪狀的雲，為什麼有些高、有些低，
有些會下雨、有些不會呢？

撰文／王嘉琪

嘩啦啦啦……夏天洗澡，要洗熱水，不洗熱水，洗不乾淨（糟糕，地球偵探暴露年齡了！）每次洗熱水澡時，浴室充滿白茫茫的霧，就像站在雲中一樣，還可以在鏡子上畫畫，超棒的。不過，大家洗澡時別只顧著玩，浴室裡的霧和天空中的雲非常相似，可是觀察的好機會。

天空中的雲千變萬化，像是有生命一樣，有時候雲可以從小小的、像棉花一樣的積雲，成長成巨大的積雨雲，一朵一朵的像是花椰菜，然後在下午下起超大的雷陣雨——這是臺灣夏天很常見的景象。現在就跟著地球偵探，來研究一下積雨雲和雷陣雨是怎麼形成的吧！

💧 水氣水滴變變變

　　首先，我們周圍的空氣可以容納一些水氣，容納的量有上限，而且上限跟空氣溫度有關，溫度愈高，可以容納的水氣就愈多，只要空氣中的水氣量還沒有達到上限，周圍的水就可以一直蒸發變成水氣，但是如果已經達到上限，也就是「飽和」，多餘的水氣就會凝結出來變成水滴。洗澡時沖在身上的熱水會讓周圍的空氣變暖，所以一部分的水就蒸發成水氣，這些含有許多水氣的空氣慢慢飄到遠一點的地方，溫度稍微降下來一點後，可以容納的水氣上限就跟著下降，如果達到飽和，多餘的水氣就會凝結變成小水滴，形成我們看到的霧，所以霧其實都是小水滴，已經不是氣體了喔！

　　在實際大氣中，我們周圍的空氣吸收了地面蒸發的水氣後，會跟著氣流被帶到高空，大氣中有許多方法可以讓空氣上升，像是氣流碰到山坡時沿著地形往上爬，也可能剛好有天氣事件發生，像是鋒面靠近，所以熱空氣被冷空氣抬升等，或是我們現在要介紹的，悶熱的夏天午後當最靠近地面的空氣被加熱後，產生浮力而上升。總之，水氣隨著空氣上升，因為高空比較冷，就會有小水滴凝結出來，如果空氣夠冷，降到冰點以下，則是形成冰晶，這個就是我們看到的雲了。

💧 不斷長高的積雨雲

　　夏天的積雨雲是因為空氣對流形成的，日常生活中常常可以看到小型的對流，熱水煮開時，咕嚕咕嚕的樣子就是水的對流。空氣的對流就跟燒熱水一樣，只是在雲形成前我們的眼睛看不到，不過一旦有小水滴凝結出來，我們就可以看到隨著熱空氣上升，雲朵頂端圓圓的形狀，跟咕嚕咕嚕的熱水長得很像，如果拿攝影機拍下雲成長的過程再快轉播放，就可以很清楚的看出空氣的對流。這種雲經常帶來雨勢很大、下雨時間短暫、並伴隨著雷電的雷陣雨，尤其容易發生在悶熱的夏天午後。悶熱的空氣就代表環境中帶有很多水氣，所以我們皮膚上的汗不容易蒸發，容易覺得悶悶的。

　　雲（或對流）可以到達的高度與雲受到的浮力有關，浮力的大小則跟雲朵內外的空氣密度差異有關，如果雲內的空氣密度比外面小很多，就表示浮力很大，這朵雲就會繼續往上升，上升到內外密度一樣的高度為止。

　　為什麼雲朵內外會有密度的差別呢？空氣

的密度跟溫度有關，當白天太陽拚命加熱地表時，靠近地面的空氣也跟著變熱，熱空氣膨脹後密度會降低，周圍的空氣相對的比較重，這樣的密度差異就形成浮力，讓比較暖、比較輕的空氣浮上去。

隨著雲朵往高空成長，周圍的大氣也跟著變稀薄（大氣壓力降低，空氣密度降低）同時變冷，雲朵則會膨脹，膨脹造成密度降低，同時造成雲內的溫度降低，但是不要忘了，浮力是雲朵內外的密度差異（或說溫度差異）造成的，不能只看那朵雲裡的空氣密度或溫度決定，所以雲朵往上成長的過程，

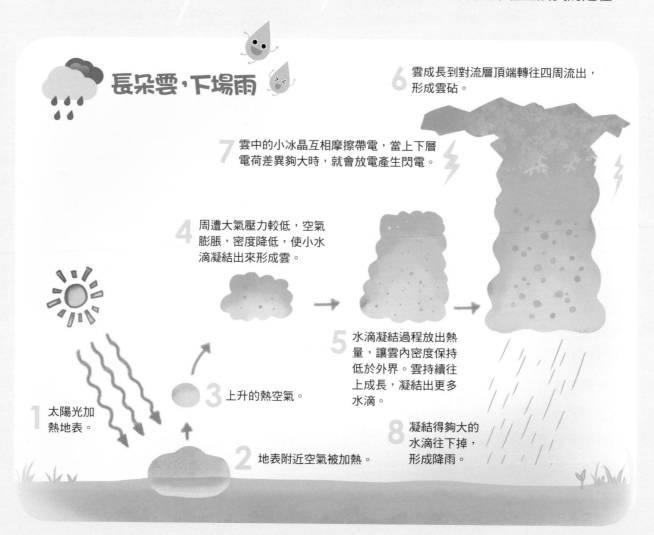

長朵雲，下場雨

6 雲成長到對流層頂端轉往四周流出，形成雲砧。

7 雲中的小冰晶互相摩擦帶電，當上下層電荷差異夠大時，就會放電產生閃電。

4 周遭大氣壓力較低，空氣膨脹，密度降低，使小水滴凝結出來形成雲。

5 水滴凝結過程放出熱量，讓雲內密度保持低於外界。雲持續往上成長，凝結出更多水滴。

3 上升的熱空氣。

1 太陽光加熱地表。

2 地表附近空氣被加熱。

8 凝結得夠大的水滴往下掉，形成降雨。

繪圖：張國瑞

66

可樂罐流汗的理由

是放熱，不是散熱！

從冰箱拿出冰涼的可樂，
過沒多久就看到可樂罐外表
全是水滴，好像流汗一樣。
這是水氣凝結放熱最常見的例
子。在可樂罐附近的空氣接觸到低溫的罐子
時，也跟著降低溫度，空氣中含有的水氣就
會因為溫度降低而凝結變成液體，附著在
可樂罐上。凝結時放出的熱會提高附
近空氣及可樂的溫度，所以放久
了，可樂的溫度會慢慢
回升到室溫。

就可以想像成是雲朵內外的空氣在比賽誰的密度（或溫度）降得快的過程。

當然，事情沒有那麼單純。隨著對流雲往高空成長，雲朵內的溫度降低，雲中空氣可以容納的水氣上限下降，多出來的水氣會不斷附著到原有的小水滴或冰晶上，或者形成更多小水滴或冰晶，然後再合併長大。水氣凝結時會放出熱量，加熱周圍的空氣，所以愈多水凝結出來，雲朵中的空氣會獲得愈多熱量，這個過程就讓雲朵內的溫度不會下降得那麼快，所以雲內的溫度更容易維持高於周圍大氣的溫度，提高它與外界密度的差異，這樣的浮力就能支持這朵雲繼續成長。這是一種正向回饋的過程，所以如果雲裡面水氣夠多，經常可以成長得非常快速，雲內也會形成很強的上升氣流，以這個過程成長的雲稱為「直展雲」，就是垂直發展的意思。

淅瀝嘩啦雨落下

當上升氣流很強時，雲可以成長到對流層頂，形成積雨雲，並帶來雷陣雨，對流層是大氣分層中最靠近地表的一層，在頂部有很強的逆溫層，會擋住雲內的強上升氣流，所以這些氣流就轉往四周流出，雲裡的小冰晶

也被往四周帶，在對流雲頂部形成形狀平坦、範圍廣闊的「雲砧」。在對流最強的地方，有時也會看到衝過對流層頂的氣流，會有一小部分的雲突出於平坦的雲砧之上。

雲中的水滴或冰晶漸漸變大後，重力一旦超越雲的浮力，就會開始往下掉，這就是下雨或下雪的現象。不過以臺灣夏天的溫度來講，這些高空的冰掉到地面前通常都會先融化變成雨滴。如果有很大顆的冰來不及融化就掉到地面，那就是冰雹啦！冰雹的形成要靠雲內的強大上升氣流來克服重力的吸引，讓冰雹可以在雲內上上下下移動，就像在坐雲霄飛車一樣，一邊移動一邊收集更多水滴及冰晶，直到冰雹的重量太大，上升氣流無

法支撐才掉下來。

　雲內的水氣會隨著下雨的過程消耗掉，最後這朵雲會消散，所謂「雨過天青雲破處」就是指下過這種雷陣雨後，雲消散掉露出清澈藍天的樣子。

令人震撼的閃電及雷聲

　午後雷陣雨時常伴隨著兩個相當震撼的現象：閃電及打雷，這兩個現象也和雲裡的強烈對流有關。當小冰晶在雲裡上下翻滾時，會不斷互相摩擦，因而分別帶有正負不同的電，比較輕的小冰晶（帶有正電）最後會集中到上層，比較重的水滴及冰雹（帶有負電）則往下掉，等到上下層的電荷差異夠大時，就會放電產生閃電及雷聲。

　不過科學家還不是很清楚這些水滴、冰雹、小冰晶產生電荷的詳細過程，因為這是很劇烈的天氣現象，又發生在高空，實在很難就近觀察，也無法在實驗室中模擬，所以目前科學家已經提出十多種假說來解釋，每一種都有自己的道理，但是沒辦法確定哪一種才是對的，還真傷腦筋。

　不過，科學家倒是知道，閃電發生的次數與空氣對流的強弱有很好的對應關係，所以

已經有一些國外的科學家開始利用閃電發生的頻率，來判斷大氣對流的強度，甚至試著用來預估下大雨的時間。

　中央氣象局也在 2016 年 4 月推出即時閃電觀測數據，隔年 2 月打春雷時，地球偵探趕緊上網查找閃電的資料，果然看到在臺灣海峽上空有一大片對流雲，同樣的位置可以對應到好幾個閃電紀錄（見右頁圖），從動畫也可以看見閃電的位置隨著對流雲不斷移動。雖然我們不能飛到天上去就近觀察雷陣雨，不過透過這些先進的觀測技術，也讓我們有身歷其境的感覺，下次聽到雷聲時，也可以趕快上網看一下喔！

　初步研究結果顯示，閃電與對流之間的關係以午後對流的現象相關性最好，如果是鋒面帶來的降雨，關係就稍微差一點，颱風期間的關係又更差一點，所以不是每次有劇烈天氣時都會有大量閃電發生。雖然有些研究說，閃電次數突然增加的現象，可以用來當做劇烈天氣的預警指標，但是也有研究說這種劇烈降雨比閃電晚幾分鐘發生的關係並不明顯，所以閃電觀測在天氣預警這方面的應用，還需要更多研究。

　下雨會直接影響我們日常生活的便利性，

春雷乍響──即時閃電觀測

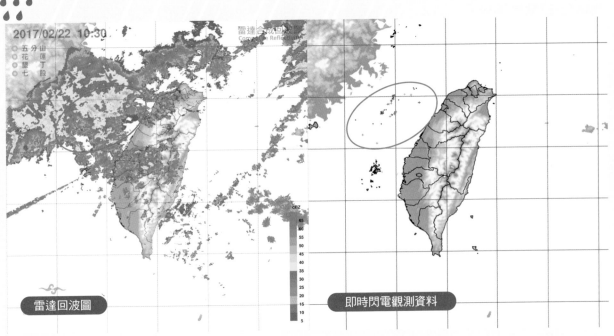

雷達回波圖

即時閃電觀測資料

這是 2017 年 2 月 22 日上午 10 點半，發生春雷時的觀測圖。從左方的雷達回波圖，對照右方的即時閃電觀測資料，可以看出對流最強的地方，也是閃電發生最頻繁的地方。

圖片來源：中央氣象局

也在農業、生態系統、水循環與水資源的利用等方面占有非常重要的地位，閃電的發生則對生態系統中的氮循環有重要的影響（固氮作用），可以讓空氣中的氮進入土壤，提供植物生長所需，打到地面的閃電也對我們的生命財產具有威脅性。在科學上，由於成雲降雨的過程牽涉到許多尺度微小的物理過程及大氣運動的變化，同時雲雨的觀測具有較高的難度，所以我們一直都還不夠了解成雲降雨的過程，這部分也是目前最受重視的研究主題之一，希望以後能找到更多資料，幫助我們了解這些自然現象。

作者簡介

王嘉琪　文化大學大氣科學系副教授，資深正妹，熱愛光著腳丫跑步與分享科學知識。

下雨囉！穿梭雲間的小雨滴之旅

國中地科教師　侯依伶

關鍵字：1. 積雨雲　2. 水氣　3. 對流　4. 雷陣雨　5. 閃電

主題導覽

　　千變萬化的雲朵像是有生命的白色仙子，在天空中變換著多種外貌，其中「積雨雲」隨著時間成長、消減，更乘載著大氣溫度變化的重要祕密。飄浮在天空的雲都是水氣凝結而成的水滴，如果空氣的對流很旺盛，又有足夠的水氣量，就很容易發展成積雨雲。包括颱風、梅雨、午後雷陣雨等，絕大多數的強降雨都是由積雨雲中落下的！雲雨的觀測難度較高，所以我們一直都還不夠了解成雲降雨的過程！

挑戰閱讀王

看完〈下雨囉！穿梭雲間的小雨滴之旅〉後，請你一起來挑戰以下三個題組。

答對就能得到👍，奪得 10 個以上，閱讀王就是你！加油！

◎空氣可以容納的水氣是有限的，溫度愈高，可容納的水氣量就愈多。下圖為地面附近，每一立方公尺的空氣可容納的最大水氣量（公克）隨空氣溫度變化的情形。請你根據這張圖片回答下列問題：

（　）1. 圖中的 A 點表示在空氣溫度為攝氏 30 度、水氣含量為 10 公克／立方公尺的空氣塊。請你判斷此空氣塊的狀態應為下列何者？（這一題答對可得到 1 個👍哦！）

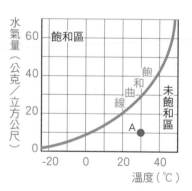

①不飽和的空氣塊，僅含有水氣、沒有水滴

②不飽和的空氣塊，含有水氣和水滴

③飽和的空氣塊，僅含有水滴、沒有水氣

④飽和的空氣塊，同時含有水氣和水滴

（　）2. 根據上圖，在濃霧瀰漫的山區，空氣的溫度和水氣含量最有可能是下列何者？（這一題答對可得到 1 個👍哦！）

①40℃、30公克／立方公尺 ②30℃、20公克／立方公尺

③20℃、20公克／立方公尺 ④10℃、10公克／立方公尺

（ ）3.若有圖中 A 點所代表的空氣塊 1 立方公尺，當溫度降低到達攝氏零度，會

有多少公克的水滴發生凝結？（這一題答對可得到 1 個👍哦！）

①氣溫太低，不會發生凝結 ②約有 1 公克

③約有 9 公克 ④約有 10 公克

◎雲就是飄浮在大氣中的微小水滴或冰晶，常見的雲都是位在大氣最接近地面的對
流層內，這是因為對流層中常有上升氣流，可以把地表蒸發的水氣帶到空中，最
後有機會因為冷卻而凝結出小水滴或小冰晶，而由於空氣中水氣的含量以及氣流
上升的高度各不相同，因此雲會在不同的高度形成。雲的分類正是按照雲底的高
度分成四大雲族：高雲、中雲、低雲和直展雲，其下再分成十種雲屬，如下表所示。
請根據上述短文，回答下列問題：

雲 族	雲 屬（代號）	熱帶地區雲底高度
高雲族	卷雲（Ci）、卷積雲（Cc）、卷層雲（Cs）	6000 ～ 18000 公尺
中雲族	高積雲（Ac）、高層雲（As）	2000 ～ 8000 公尺
低雲族	層雲（St）、層積雲（Sc）、雨層雲（Ns）	0 ～ 2000 公尺
直展雲族	積雲（Cu）、積雨雲（Cb）	雲底在低雲族的範圍，雲頂可延伸至中雲族或高雲族的範圍。

（ ）4.形成不同高度的雲和當時空氣中的水氣含量及上升氣流的強度有關，請你

推測形成龐大壯觀的「積雨雲」應該是空氣處於下列哪種狀況？

（這一題答對可得到 1 個👍哦！）

①水氣含量較多、上升氣流強 ②水氣含量較多、上升氣流弱

③水氣含量偏少、上升氣流強 ④水氣含量飄少、上升氣流弱

（ ）5.已知地面附近的大氣層，每上升 1 公里，溫度大約會下降 6.5℃。據此可

以判斷，哪一種雲族的雲皆是由水滴構成的？

（這一題答對可得到 2 個👍哦！）

①高雲族 ②中雲族 ③低雲族 ④直展雲族

（　）6.根據上文所提供的資料，熱帶地區的對流層頂約距離地表多少公里？

　　　　（這一題答對可得到 1 個👍哦！）

　　　　①2　②6　③8　④18

◎積雨雲中經常發生的天氣現象就是傾盆大雨、冰雹、打雷和閃電，其中打雷和閃
　電其實是相伴而生的。冰晶和水滴在積雨雲中上下對流時，很容易發生碰撞、摩
　擦，分別形成帶正電的冰晶和帶負電的水滴或冰雹，在達到極大的電壓差時就會
　有正負電中和的放電現象發生了。在閃電發生時，會放出很大的熱量，使周圍的
　空氣受熱，膨脹，因而推擠周圍的空氣，引發出強烈的爆炸式震動，產生轟隆隆
　的雷聲。請回答下列有關積雨雲的問題：

（　）7.某天傍晚發生午後雷陣雨時，柯南在看到一道閃電之後三秒才聽到巨大的
　　　　雷聲。請問發生閃電的地方離柯南約有多遠？（光速＝每秒 30 萬公里；
　　　　聲速＝每秒 340 公尺；這一題答對可得到 2 個👍哦！）

　　　　①90 萬公里　②9 公里　③1 萬公里　④1 公里

（　）8.冰雹是來不及融化而掉落至地面的冰球，試推論這種天氣型態比較會發生
　　　　在臺灣的哪一種天氣狀況下？（這一題為多選題，答對可得到 2 個👍哦！）

　　　　①西伯利壓高壓籠罩的冬天

　　　　②熱對流旺盛的夏季午後

　　　　③滯留鋒面徘徊造成的大雨

　　　　④東北季風在基隆、宜蘭所造成的地形雨

（　）9.下列哪些因素會影響積雨雲可以成長的最高高度？

　　　　（這一題為多選題，答對可得到 2 個👍哦！）

　　　　①地面的溫度　②上升氣流的強度

　　　　③空氣中的水氣量　④對流層頂的高度

延伸思考

1. 中央氣象局提供的衛星雲圖可以分辨雲層的高度和厚度，對照即時閃電觀測圖，你可以看出閃電分布較密集的各個地區，雲層的高度和厚度有什麼相同之處嗎？

2. 雖然科學家還不能完全理解並掌控閃電的發生機制，但臺灣有很多的中小學生努力的利用自己的方法探究閃電。你可以登入「臺灣網路科教館」（www.ntsec.edu.tw）的「科展群傑廳」，搜尋與閃電相關的研究，就可以找到許多資料！你也可以想想看，自己可以進行哪些有關「閃電」的探究呢？

   推薦科展作品：國小組作品：**好閃，別對我放電**

   　　　　　　　國中組作品：**是晴天霹靂還是雷雨交加？**

   　　　　　　　高中組作品：**臺灣夏季午後對流閃電與地形之關係**

3. 雲的觀測是氣象人員每日必定進行的觀測項目之一，你也可以試試看！

   ①每天記錄東、西、南、北不同方位的雲屬和雲量，比較差異情形。

   ②比較天空中不同季節的雲屬，冬天最常出現的雲和夏天一樣嗎？

   ③當颱風逐漸逼近臺灣時，天空中的雲屬和雲朵分布狀況會如何變化呢？

綠屋頂 為都市降溫

都市熱島效應讓城市愈來愈熱，為了降溫，
全世界的都會區吹起一股綠屋頂風潮。

撰文／林慧珍

氣候暖化讓我們的環境變得愈來愈熱，世界各地頻頻出現破紀錄的高溫。不過如果你曾經在鄉下和都市居住過，應該可以發現：鄉下地區即使白天豔陽高照、氣溫很高，只要到了晚上，通常就會比較涼爽；而在都市裡卻從早到晚都感覺相當悶熱。這到底是為什麼呢？

都市熱島效應

1960 年代以來，氣象學家從人造衛星拍下的紅外線地表照片中發現：人口密集、高樓林立的都會區，氣溫往往高於鄰近的郊區及鄉村地區，由於畫面看起來像被郊區包圍的浮島，因此稱之為「都市熱島效應」。在歐美一些大城市，都市熱島與郊區的溫度差距可能達到 5～10℃。

造成都市熱島的主要原因，是都市開發後綠地大幅消失，取而代之的水泥建材和柏油路面在白天裡吸收更多來自陽光的熱能，並在夜晚放熱。再加上少了植物幫忙遮蔽、反射陽光與蒸散水分幫助降溫。另外還有市區裡的空調、汽車產生的大量廢熱，使得市區的溫度居高不下。

溫度升高迫使居民更依賴冷氣，讓能源供應更為吃緊。熱島效應也讓都市地區的風速下降，空氣中的懸浮粒子更不容易被吹散，加重空氣汙染，對人體健康產生危害。此外，以臺灣西部的城市為例，過去潮濕的海風吹向陸地，遇到山脈之後抬升，降雨在山區的水庫；但是熱島效應改變了都市的降雨模式，潮濕的海風被吹到都市後，會因為強烈的熱對流，容易在午後下起豪大雨，都市

日本福岡縣 ACROS 大樓

當你需要在市區蓋一棟辦公大樓，卻發現唯一夠大的土地是市區僅存的一座大公園時，你會怎麼辦？日本福岡市政府用創意化解了這個兩難，1994 年興建的 ACROS 大樓是一座兼具國際會議廳、展覽館、音樂廳、辦公室、商店街等多種功能的 14 層建築，它的北面入口與市區的精華市街連成一氣，立面如同一般大樓，但是南面鄰接公園的部分，卻是 14 層一路向上的綠階梯，遠看就像個小山丘，目前有超過 120 種、總數約五萬棵植物，形成 10 萬平方公尺的綠地，一年四季呈現不同景致，豐富的生態也吸引許多昆蟲及鳥類停留。研究人員實地測試比較建築水泥結構與綠丘覆蓋部分的表面溫度，發現白天時溫差可高達 15℃。

的水泥地又多，排水不及也會導致淹水。

根據聯合國的統計，目前全球有一半人口住在都市，估計到 2050 年還會增加為 68％；而在地狹人稠的臺灣，都市人口更已經達到 70％，減輕都市熱島效應的影響，成為當務之急。

為城市戴草帽！

建築師看到了為都市降溫的需求，也想出了解決的好方法：在建築物建置綠屋頂或是綠牆。其實早在幾千年前，古人就懂得利用屋頂花園或各種綠化方式，來為建築調節溫度，或者單純當做一種賞心悅目的休閒造景，例如在西元前七世紀，巴比倫王朝就在王宮中興建了空中花園。

近代掀起的這一波綠屋頂旋風，則是

1980 年代從德國開始，而後逐漸擴散到歐洲其他國家，包括法國、希臘、英國等；美洲地區最早推動綠屋頂的則是芝加哥市，他們在 2001 年率先以市政廳做為示範，開始教育民眾、補助經費來推廣綠屋頂，因為成效很好，帶動了美國的許多其他城市跟進；亞洲最早推動綠屋頂的先驅是日本，東京市從 2001 年就開始透過立法及補助，雙管齊下來推動屋頂綠化。

在屋頂上種植花草或是可供食用的蔬菜水果，為單調、剛硬的都市水泥叢林加入了愉悅的色彩與生機，幫都市人帶來些許能放鬆身心的田園野趣，甚至能幫餐桌加菜！不過綠屋頂盛行的主要原因，還是在於它所帶來的種種好處。

綠屋頂不僅能為建築物加上一層花草做成

波蘭華沙大學圖書館

華沙大學新圖書館的屋頂花園是歐洲最大、最美的空中花園之一，已經成為吸引觀光客的一大旅遊賣點。圖書館的花園分上、下兩大部分，上層是 2000 平方公尺廣的屋頂花園，精心種植各種植物及庭園造景，營造令人心曠神怡的休憩空間，遊客可以透過玻璃窗看見館內景象，也可以居高眺望市區全景。下層花園約 1 萬 5000 平方公尺，除了草坪之外，還種植了大量灌木類花草及攀緣植物，綠意中錯落穿插著老屋及雕像。上下兩層花園之間由階梯式的小瀑布、小水池及潺潺流水加以串連，從屋頂截留下的雨水經過層層的過濾淨化之後，最後流入周圍環境，成為這座花園最大的特色。

的大遮陽帽，隔開熱氣，調節建築物本身的溫度，也改變了周圍環境，影響都市的微氣候，進而減緩、甚至完全抵消都市熱島效應，幫都市退燒。根據聯合國環境規劃署（UNEP）的研究顯示：綠屋頂的普及率只要達到七成，整個都市的二氧化碳含量就能減少八成，都市熱島效應也會完全消失。

綠屋頂的降溫效果，已經為世界各地的建築省下可觀的空調電費。以臺灣一些案例的實際測試來看，在炎熱的夏季，屋頂經過綠化後表層溫度下降，跟裸露的傳統屋頂相比，溫度差異可能超過 10℃，而屋頂下方的室內氣溫則降低 5～6℃。室溫下降意味著可以少開一點冷氣，幫頂樓住戶節省電費，減少二氧化碳排放。另一方面，當天氣很冷的時候，綠屋頂也能發揮保暖效果。還

有一些國外研究甚至指出，屋頂上種植一些花草有助於縮小屋頂承受的冷熱溫差，避免極度熱脹冷縮，導致龜裂或漏水，因此也具有保護屋頂、延長其壽命的好處。

如何打造綠屋頂？

綠屋頂大致分為「粗放型綠屋頂」及「精緻型綠屋頂」兩大類，主要差異在於植栽種類和土壤層厚度。粗放型綠屋頂通常是在屋頂上覆蓋 30 公分以內的薄層土壤，然後鋪上容易照顧的草坪、園藝植物或低矮灌木，種植的植物能耐受日曬、強風、大雨，工作人員無需花費太多力氣照顧，屋頂通常也不開放大眾進入。

精緻型綠屋頂則是把屋頂設計成人們可以進入活動的空間，通常是在底層種植草坪、

園藝植物等地被植物，上層則有小型喬木、灌木等，需要的土壤厚度通常較厚。這類綠屋頂可有很多變化及功能，包括搭配庭園造景，提供人們休憩空間，或加裝太陽能光電板等綠能設施、闢設種植食用蔬果的菜園、設置魚菜共生系統，甚至利用栽種的花草吸引蜜蜂，變成養蜂取蜜的都市農場，產生許多額外的附加價值。

設置綠屋頂雖然好處多多，但是在屋頂上種植花草樹木之前，還是必須考量屋頂的狀況，再依實際需求來規劃，才能確保安全。尤其是在舊有建築上加設綠屋頂，評估階段更要仔細檢查，確認屋頂結構健全、沒有任何損壞；其次檢查屋頂的防水，最好先做過漏水測試，以免蓋好綠屋頂後反而發生漏水的困擾。

如何保持屋頂排水暢通，避免植物枝葉或培養材料堵塞落水口，導致屋頂積水，也是設計綠屋頂時要考慮的重點。為了充分發揮綠屋頂調節濕度的功能，另一方面避免造成屋頂積水，除了選用透氣及排水效果好的栽培土之外，在栽培土下面通常還會有防止阻塞的過濾布，以及連通到排水管與蓄水池的排水層。

由於建築物的屋頂有一定的承重限制，必須選輕質土壤來種植花木，而且在吸飽水之後，整體重量還在屋頂可以負荷的重量範圍之內，才不會造成屋頂倒塌意外。而為了避免植物根系伸入屋頂結構，分泌酸性物質造成破壞，在設置綠屋頂時也要記得鋪上阻止根系伸入的屏障層。

美國紐約市高線公園
紐約市的高線公園最初是一條用來運送肉品的高架鐵道，1980 年貨運火車停駛後，無人干擾的荒廢鐵道反而生意盎然，經過攝影師鏡頭的傳播，引發社區人士的關注和積極行動，因而促成它的重建。建築師將舊鐵道重新打造成一條長 2.3 公里的綠色高架步道，綿延串聯曼哈坦西南側的許多街廓，沿線陸續湧現各種文創產業、商店及餐廳，成為紐約市民及觀光客最時尚的散步路線。公園裡刻意保留原始鐵道的鐵軌及枕木，植栽將近一半是美國原生種，呈現其自然生態原貌，也節省了維護照顧的成本。步道鋪面孔隙與植床互相連接，截留下的雨水可做為灌溉之用，降低市區排水道的負擔。

臺灣的綠屋頂

最近這幾年，新北市、高雄市、臺北市都在大力推動「綠屋頂」，希望把灰沉沉、熱呼呼的屋頂，轉變成綠油油的生態樂園。新北市政府在 2011 年將綠屋頂納入建築物環評項目，只要是超過 5000 平方公尺的新建案，就必須進行屋頂綠化或設置太陽光電。同一年，高雄市政府也通過綠建築自治條例，規定所有 50 公尺（大約 15 層樓）以上的新建築，綠屋頂的面積必須超過屋頂面積的一半，如果屋主想把舊有建築翻新成為綠屋頂，也有經費的補助。臺北市後來也迎頭跟進，同樣規定住宅區面積達 500 平方公尺以上的新建築屋頂，必須有一半以上的面積進行綠化，才能取得執照，市政府還用公有建築的屋頂當做示範，來推廣屋

頂農場。2015 年，環保署更開始補助縣市政府輔導都會社區進行屋頂綠化，推行第一年，新北市就有 13 個社區受惠，總共設置了 46 座屋頂農場，總面積 2610 平方公尺，市政府估計每年可減少冷氣用電 67 萬 8000 度，換算電費至少可省 100 萬元，還能減碳 358 公噸。

綠屋頂風潮方興未艾，我們應該很快就有機會在市中心的某處高樓上，體驗種水稻的過程！ 科

林慧珍　從小立志當科學家、老師，後來卻當了新聞記者以及編譯，最喜歡報導科學、生態、環境等題材，為此上山下海都不覺得辛苦。現在除了繼續寫作、翻譯，也愛和兩個兒子一起玩自然科學，夢想有一天能夠成為科幻小説作家。

圖片來源：達志影像

日本大阪難波公園

從大阪市區上方鳥瞰，就在集結了鐵路車站樞紐與眾多購物中心的難波地區當中，有一片高低錯落、綠意盎然的屋頂花園，猶如繁華市區中的綠洲，在以灰色為主的地景裡顯得相當醒目，卻又與周圍建築及道路巧妙融合。這是難波公園百貨公司的屋頂庭園，種植了大約 300 種、七萬株的植物，為購物空間增添自然氣息。更特別的是，它的八樓戶外庭園還設置了菜園，開放市民租地種植蔬果，讓都會民眾體驗自己種菜自己吃的樂趣。花園設有專責管理單位，由工作人員提供諮詢服務，並幫忙管理病蟲害及日常照料，而且還提供基本工具、工作服、淋浴設施等，方便租地者借用。

綠屋頂為都市降溫

國中地科教師　侯依伶

關鍵字：1. 氣候暖化　2. 熱島效應　3. 綠屋頂　4. 植物　5. 降溫

主題導覽

　　隨著愈來愈多的人口往都市地區集中，氣象學者發現許多都市地區的氣溫都比周遭的城鎮鄉村為高，在周圍較低溫的郊區襯托下，高溫的都市地區就像是一座熱烘烘的島嶼，科學家把這種現象稱為「都市熱島效應」。

挑戰閱讀王

看完〈綠屋頂為都市降溫〉後，請你一起來挑戰以下三個題組。

答對就能得到👍，奪得 10 個以上，閱讀王就是你！加油！

◎文章中介紹了許多關於都市熱島效應的成因，以及對環境產生的影響。請你讀完之後，試著回答下列問題：

（　　）1.當都市熱島效應形成後，都市地區和周圍的郊區比較下，白天和晚上的氣溫高低會呈現下列哪一種分布情形？（這一題答對可得到 1 個👍哦！）

氣溫比較	①	②	③	④
白天	都市＞鄉村	都市＞鄉村	都市＜鄉村	都市＜鄉村
夜晚	都市＞鄉村	都市＜鄉村	都市＞鄉村	都市＜鄉村

（　　）2.下列哪些因素會導致都市熱島效應的發生？

（這一題為多選題，答對可得到 2 個👍哦！）

①綠色植被減少　②柏油和混擬土的地面增加

③過多的人工熱源放熱　④過多的綠地面積

（　　）3.當都市熱島效應發生時，除了都市的溫度會上升之外，還會引發什麼影響呢？（這一題為多選題，答對可得到 2 個👍哦！）

①颱風發生機率增加　②都市的空氣品質變差

③都市發生強降雨的機率增加　④都市的綠色植物行光合作用能力降低

◎下圖是 1907 ～ 2007 年期間，北半球緯度相近、地理位置相似的甲、乙、丙三

個地區年均溫的變化圖。請依據此圖回答下列問題：

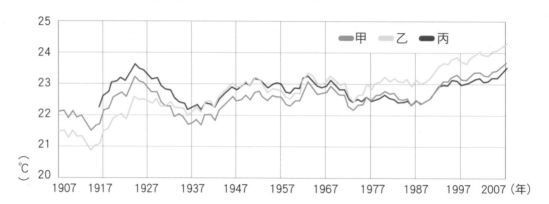

（　　）4. 100 年來，哪一個地區的氣溫變化率是最高的？

（這一題答對可得到 1 個 👍 哦！）

①甲　②乙　③丙

（　　）5. 若不考慮其他因素的影響，根據甲、乙、丙三個地區的氣溫變化情形，可

以推測哪一個地區比較有可能發生高度的都市化？

（這一題答對可得到 1 個 👍 哦！）

①甲　②乙　③丙

（　　）6. 仔細閱讀甲、乙、丙三地區的氣溫變化，可以得出下列哪些結論？

（這一題為多選題，答對可得到 2 個 👍 哦！）

①在 1970 年以前，三地區的氣溫升降變化趨勢十分接近

②百年來，三地區的氣溫變化皆超過兩度

③都市化程度是唯一影響三地氣溫變化的因素

④ 1990 年以後，氣溫上升的趨勢比往年更明顯

◎小星和小敏想要進行「都市熱島效應」的相關研究，因此在學校頂樓的空中花園

裡，能直接被太陽曬到的位置中，分別選定了小白菜栽植區、水池區、水泥地磚、

人造草皮區，測量不同時間的溫度。他們從上午 10 點 10 分開始，每隔一段時間

利用紅外線測溫儀測量記錄這四個位置的溫度，以及當時的氣溫，最後將觀測結

果記錄成右頁上圖。

（　）7. 根據圖中四條溫度變化曲
線，哪一條應該是在水池
測量到的溫度？（這一題
答對可得到 1 個👍哦！）
①A　②B　③C　④D

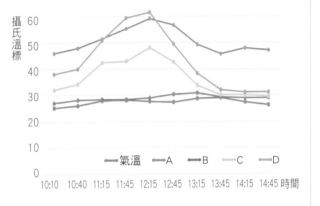

（　）8. 已知水泥地磚可以在白天
吸收大量熱能，並在日落
後才緩慢的將熱能釋放出來，所以上圖中哪一條溫度曲線較有可能是水泥
地磚的溫度變化曲線？（這一題答對可得到 1 個👍哦！）
①A　②B　③C　④D

（　）9. 根據〈綠屋頂為都市降溫〉一文所提及綠色植物對減緩都市熱島效應的影
響，上途中哪一條曲線較有可能是在小白菜栽植區測量的？原因為何？
（這一題答對可得到 1 個👍哦！）
① C；種植小白菜的區域會較容易吸熱和放熱
② C；種植小白菜的區域溫度的變化趨勢較為緩和
③ D；種植小白菜的區域會較容易吸熱和放熱
④ D；種植小白菜的區域溫度的變化趨勢較為緩和

延伸思考

1. 中央氣象局網站上有個提供重要觀測位置資料的查詢系統（bit.ly/3bbR4Sh），
你可以上網查一查自己居住的地區附近的資料，看看是不是都市化愈高的地方，
平均溫度愈高？

2. 除了綠色植物之外，建築物的材質、顏色、建築的方法都會對都市熱島效應的形
成產生影響。想一想，一個能降低都市熱島效應的綠建築，還必須符合哪些條件？
觀察一下學校和自己的住家，要如何才能更符合這些條件呢？

3. 隨著都市化的密集，都市熱島效應對我們的生活影響愈來愈大，如果你有興趣進
一步認識相關的成因與影響，可以參考這篇文章：bit.ly/3hHUe2Q

多讀書有益健康！

科學少年
好書大家讀

跨界素養持續放送中！

學習STEM的最佳讀物
酷科學系列

文字輕鬆簡單、圖畫活潑有趣
幫助孩子奠定 STEM 基礎

酷實驗：給孩子的神奇科學實驗
酷天文：給孩子的神奇宇宙知識
酷自然：給孩子的神奇自然知識
每本定價 380 元

酷數學：給孩子的神奇數學知識
酷程式：給孩子的神奇程式知識
酷物理：給孩子的神奇物理知識
每本定價 450 元

揭開動物真面目
沼笠航系列

可愛插畫 × 科學解說 × 搞笑吐槽
讓你忍不住愛上科學的動物行為書

有怪癖的動物超棒的！圖鑑　　定價 350 元
表裡不一的動物超棒的！圖鑑　　定價 480 元
奇怪的滅絕動物超可惜！圖鑑　　定價 380 元
不可思議的昆蟲超變態！圖鑑　　定價 400 元

化學實驗好愉快
燒杯君系列

實驗器材擬人化
化學從來不曾如此吸引人！

燒杯君和他的夥伴　　　　定價 330 元
燒杯君和他的化學實驗　　定價 330 元

燒杯君和他的偉大前輩（暫定）
預計 2020 年 12 月出版

中文版書封設計中

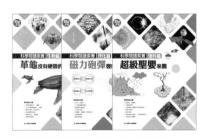

解答

黑洞奇譚
1.③　2.①　3.①②　4.①②③④　5.②　6.③　7.③

換雙眼睛看宇宙：無線電波天文學
1.①　2.②　3.④　4.④　5.②

太空旅行的行前說明會
1.①②　2.①②③④　3.③　4.①②　5.①④　6.③　7.②　8.④

探索地心的強力幫手──地震
1.③　2.①③　3.②　4.①　5.②③　6.②　7.②③　8.①

海底的寶藏：澎湖海溝動物群
1.③　2.①②④　3.①②④　4.②④　5.②　6.②　7.④　8.①　9.③④　10.②

下雨囉！穿梭雲間的小水滴之旅
1.①　2.③　3.②　4.①　5.③　6.④　7.④　8.②③　9.①②③④

綠屋頂為都市降溫
1.①　2.①②③　3.②③　4.②　5.②　6.①②④　7.①　8.②　9.②

科學少年學習誌
科學閱讀素養◆地科篇3

編者／科學少年編輯部
封面設計／趙璦
美術編輯／沈宜蓉、趙璦
資深編輯／盧心潔
出版六部總編輯／陳雅茜

發行人／王榮文
出版發行／遠流出版事業股份有限公司
地址／臺北市中山北路一段 11 號 13 樓
電話／02-2571-0297　傳真／02-2571-0197
郵撥／0189456-1
遠流博識網／www.ylib.com　電子信箱／ylib@ylib.com
ISBN 978-957-32-8883-1
2020 年 11 月 1 日初版
2022 年 6 月 16 日初版四刷

定價・新臺幣 200 元

國家圖書館出版品預行編目

科學少年學習誌：科學閱讀素養地科篇3／
科學少年編輯部編 . --初版 . --臺北市：遠流，
2020.11
88面；21×28公分.
ISBN 978-957-32-8883-1（平裝）
1.科學2.青少年讀物
308　　　　　　　　　　　109005010